U0113604

人文科普 　－探 询 思 想 的 边 界－

CUEILLEUR D'ESSENCES

Aux sources des parfums
du monde

[法]多米尼克·罗克　著

王祎慈　译

乔溪　审校

朵香者

世界
香水之源

中国社会科学出版社

图字：01-2021-2200 号
图书在版编目（CIP）数据

采香者：世界香水之源/（法）多米尼克·罗克著；
王祎慈译. —北京：中国社会科学出版社，2024.1（2024.8重印）
（鼓楼新悦）
ISBN 978-7-5227-2767-7

Ⅰ.①采⋯　Ⅱ.①多⋯　②王⋯　Ⅲ.①香水—介绍—
世界　Ⅳ.①TQ658.1

中国国家版本馆 CIP 数据核字（2023）第 235602 号

Originally published in France as：
CUEILLEUR D'ESSENCES by Dominique Roques
© Melsene Timsit & Son, Scouting and Literary Agency.
© Editions Grasset & Fasquelle, 2021.
Current Chinese translation rights arranged through Divas International, Paris
巴黎迪法国际.

出 版 人	赵剑英	
项目统筹	侯苗苗	
责任编辑	肖小蕾	朱悠然
责任校对	李　锦	
责任印制	王　超	

出　　版	中国社会科学出版社
社　　址	北京鼓楼西大街甲 158 号
邮　　编	100720
网　　址	http://www.csspw.cn
发 行 部	010-84083685
门 市 部	010-84029450
经　　销	新华书店及其他书店
印刷装订	北京君升印刷有限公司
版　　次	2024 年 1 月第 1 版
印　　次	2024 年 8 月第 2 次印刷
开　　本	880×1230　1/32
印　　张	8.625
字　　数	169 千字
定　　价	88.00 元

献给我的父亲，

他引我走向树木葱郁的道路。

但愿你在腓尼基人的贸易市场停步

购买精美的物件，

珍珠母和珊瑚，琥珀和黑檀，

各式各样销魂的香水

——尽可能买多些销魂的香水

——康斯坦丁·卡瓦菲斯，《伊萨卡岛》[1]

---

[1] ［希］卡瓦菲斯：《卡瓦菲斯诗集》，黄灿然译，重庆大学出版社 2012 年版，第 68 页。

目　录

序言

世界各地的采摘者

香水，对我们来说，既熟悉又神秘。它总能唤起我们的部分嗅觉记忆和童年回忆，强烈而遥远。没有人例外。人们终其一生都难以忘怀那一抹丁香的气息，忆得起某条生满金雀花的小路，以及所爱之人的气味。孩童时期，在树林里的发现令我记忆犹新。5 月，在法国朗布依埃森林的大橡树下，灌木丛中长满了铃兰，空气中弥漫着香气。这香气令我惊奇不已，因为我想起了母亲，她从前常爱用"迪奥之韵"（Diorissimo）这款向白色铃铛形小花致敬的奢华香水。一打开瓶子，气味带来的亲密熟悉感唤起记忆，这种引人联想的力量让人倍感神秘。香水首先向我们讲述我们自己，这令人心安；随后向我们讲述其自身，这令人着迷。

"这儿是果实、花朵、树叶和枝条"[1]，魏尔伦这句耳熟能详的诗句美妙地引出了众多香水的天然原料。我再来续写这份名册：根、树皮、木材、地衣、种子、芽、浆果、香脂、树脂，千变万化的植物世界是精油和香脂宝库——正是它们创造了香水业。在 19世纪气味分子化学出现之前，三千年来，天然物质一直是香水唯一的原料。如今香水已成为奢侈品，但这些气味仍是调香师的挚爱。它们天然带着丰富而深邃的层次感，有些气味仅凭自身就已堪称香水。

---

[1] ［法］魏尔伦：《这无穷尽的平原的沉寂：魏尔伦诗选》，罗洛译，人民文学出版社 2017 年版，第 92 页。

从我们的皮肤上蒸发之前，香水会用片刻时间讲述其众多成分的故事，化学成分讲述着实验室中的故事，天然成分则讲述着花、香料或树脂的故事。经过蒸馏或萃取，这些植物变成精油、净油或香脂[1]，与合成分子一起成为香水的成分。它们带来了丰富的嗅觉体验，成为真正的香水中不可或缺的一部分，因此香水的品牌推广总不忘提及这些天然原料。

精油有它们自己的故事。它们是地域、风光、土地和气候相遇的结果，是扎根某处的人或者匆匆过客的产物。无论是从前还是现在，香水业都需要芳香木材的采伐工，以获取雪松、沉香或檀木；还需要野生植物的采摘者，收集杜松子、岩蔷薇枝条或零陵香豆；需要采脂工采集乳香、安息香或秘鲁香脂；需要花、叶和根的培育者种植玫瑰、茉莉、香根草和广藿香；需要榨汁工，榨取香柠檬和柠檬；需要运输者和商人，他们是阿拉伯沙漠商队以及扬帆印度洋和地中海的水手的后裔；最后还有善制玫瑰花水的蒸馏师，17世纪以来他们是精油炼造士，在当代则称为萃取师和化学家。这些人分散在各地，他们在沙漠和森林中采摘，用锄头和拖拉机深耕，最初在隐秘中作业，而后才逐渐变得透明，他们不知道自己的产品会变成怎样，他们甚至在田间地头接受着调香大师和最负盛名的香水品

---

[1]　专业术语的定义请参考术语表。

牌商的拜访。

这些丰富多样的人和事在不知不觉中形成一个宏大的历史共同体，仿佛一块挂毯，交织其上的千丝万缕指引着薰衣草、玫瑰和乳香走向我们。神秘的历程，不断变化的起源，被保存、迁移、丢失又再找回的传统，香水制造师们共同孕育了人类对自然界气味始终不渝的迷恋。当一个马达加斯加农妇为香草藤上的一朵花授粉时，一件神奇的事情正在发生，这个动作重复数千次之后荚果才能发育、成熟，之后经过采摘的萃取，最终幻化为一小瓶香草净油中馥郁的香气。

这本书记录了我用三十年时间漂泊至香水源头的故事。我不是化学家，也不是植物学家，在完成管理学的学业后，我就追随了自己一直以来对树木和植物的兴趣而投入了香水业。我出于兴趣和好奇而开始了这一旅程，现在它已成为一种激情，三十年来，我一直致力于探究、寻觅、购买香水，也时而自己动手制作几十种精油。在玫瑰园或广藿香园中，在委内瑞拉的森林或是老挝的村庄中，香水之乡的人们将我领入气味的大门。他们教我聆听精油和萃取物讲述的故事，于是我成了如今所谓的"采香者"（sourceur）。

在一家专门制造香水和香料的公司中，我负责为调香师供应来自50多个国家的150多种天然原料提炼出的精油或萃取物。我的职责是确保它们的数量和质量，并寻找新的原料以丰富调香师的

"调香盘"。在从花田到香水店的小瓶子中，我是这生产链条中的第一环。香水品牌是这一故事的终极参与者，为了推出新产品，他们让不同香水制造公司的调香师前来竞争，这些调香师的鼻子久负盛名，他们创造出复杂而秘密的配方，是为香水的"原液"。调香者天赋异禀、个性鲜明，他们始终在为顶尖的品牌创造新的香气，而我用我的经验服务于他们。

在一家位于法国朗德省森林内部的家族企业任职时，我参与了在种植芳香植物的国家建立蒸馏和萃取装置的工作，我的旅程就是这样开始的。这家企业是 20 世纪 80 年代的先锋，它选择在香水的源头建厂以生产天然香脂。西班牙、摩洛哥、保加利亚、土耳其或马达加斯加，在任何地方需要做的都是安置仪器、收获、种植、生产。我发现了一些充满故事的地方以及面临消失的古老工艺，我还与人建立了深刻的联系。

十年来，我一直是一家瑞士家族公司的采购者，这家公司是国际香水和香氛制造业中最重要的企业之一。为了给调香师提供尽可能丰富的天然材料，我逐渐与世界各地的生产者一起编织了一张合作伙伴关系网络，为此我接触了香水业中从事各种工作的人。我对香气的热衷正是在这些会面中形成的。

我们的产品源自世界各地，因此，采购者需要面对各种各样的社会、经济和政治问题。我曾与许多团体合作，这些团体经常地处偏僻，面临飓风或干旱的风险，有时甚至被本国政府所遗弃。我很早就意识到在这些人的命运和未来中，我们这个行业的作用及责任。这一直是我从业的动力和指引。

这本书是在最近的一次旅行中，在索马里兰山区的一棵阿拉伯乳香树前诞生的。陪同我的采胶工刚刚割开树干，乳白色的小水滴开始沁出。刚刚流出的香气散发出醉人的气息，微风在那一刻让我觉得自己见证了一段非凡历史的延续，那是收集天然香气的历史，三千年来从未中断。呼吸着新鲜的树脂味，我被带回到许多年前，回到我刚刚从业时在安达卢西亚岩蔷薇园的最初记忆。我突然意识到，从岩蔷薇到乳香，我有幸在三十年间遇到了传承香水业三千年历史的人们。我要写的内容变得清晰起来：随着时间的演进，香水原料的变迁，仍投身于香水业者的生活，他们的学识与传统，他们制作香水的美丽地方以及他们脆弱的未来。这个故事中的每一部分都是不同且独特的，但又有共同点，那就是在令人心驰的香水中所凝结的人类的劳动成果。我在保加利亚玫瑰谷的所见最能说明这一点：为生产 1 千克玫瑰精油，需要手工采摘 100 万朵花。

本书谨向世界各地的采香者致敬。

术语表

物质

1. 渗出物（Exsudat）：从树木创口中流出的一切物质。

2. 香脂（Baume）：有气味的液体渗出物。

3. 树胶/树脂（Gomme/Résine）：树木的渗出物，遇空气后会硬化。树胶溶于水，树脂溶于酒精。

4. 固化浆液（Larmes）：凝固的树胶块或树脂块。

5. 精油（Huile essentielle/Essence）：植物经过水蒸气蒸馏后的产物。精油不溶于水且比水轻，经澄清后与水分离。

6. 浸膏（Concrète）：利用溶剂对植物进行萃取后得到的有气味的软膏。

7. 净油（Absolue）：浸膏中可溶于酒精的部分，可被香水制造商使用。

8. 萃取物/类树脂（Extrait/Résinoïde）：植物经酒精萃取后的产物。

9. 花水/蔷薇水（Eau florale/Eau de rose）：有香气的水，花朵

经水蒸馏后的产物。

工艺

1. 采脂（Gemmage）：割开树木的树皮以收集树胶或树脂。

2. 脂吸法（Enfleurage）：一种古老的工艺，通过将花瓣铺在一层油脂上来提取花香。

3. 蒸馏（Distillation）：让水蒸气循环通过植物或植物与水的混合物以得到精油。

4. 萃取（Extraction）：让溶剂流过植物以得到浸膏或净油。

5. 蒸馏器（Alambic）：生产花水或精油的装置。

6. 冷凝液（Condensat）：蒸馏冷却后得到的水和精油的混合物。

7. 分液器（Florentin）：用于收集从冷凝水中析出的精油的器皿。

8. 萃取器（Extracteur）：生产浸膏或香脂的装置。

基督的眼泪

安达卢西亚的岩蔷薇

四月的一个下午，在西班牙安达卢西亚安德瓦洛郡乡村的一个拐弯处，岩蔷薇花田的景象令我赞叹不已，我预感到自己即将着迷于这片土地上的香气及收集这些香气的人。20 世纪 80 年代末，在驶离韦尔瓦后经过的第一个村庄，山丘上就已经是长满岩蔷薇的景色了。道路的海拔在桉树丛中逐渐升高，车辆在树木枝条掩映中蜿蜒前进，叶子在阳光下闪闪发亮。又过了一个村庄，继而出现了一片分散的绿色大橡树，仿佛一座恢宏港口的哨兵，它们将影子铺在长满岩蔷薇的土地上，艳阳之下，这些花朵灼灼其华。

我已从法国驱车行驶了 1300 公里，疲倦使我对偶然发现的风景格外敏感。我到安达卢西亚是为了在当地建立并启动一套蒸馏和萃取装置。这是我第一次沉浸于香水的世界，这份工作、这片土地，以及这里的气味和传统，一切对我来说都是新的。我能讲基本的西班牙语，但我需要让别人理解自己，需要招募团队，还需要组建一个小工厂并为其提供物资。我们的挑战是要满足一个大型香水制造集团对岩蔷薇香脂的需求，对于这个目标，我们离成功还相去甚远。

在这春日里，山丘上布满了大片的白色絮块团，仿佛一场不真实的大雪撒满了田间，之后安达卢西亚的阳光才出现。在三月和四月间，岩蔷薇花朵盛开。这些白色的花外表似虞美人，如纱织般柔嫩，但花期只有两三天。我走入这片挤挤挨挨的花丛中，它们生得如此茂密，令人难以前行。岩蔷薇长到我的腰部，有时更高，枝条上的叶子已经闪闪发亮。从花期开始，岩蔷薇就会分泌一种树脂，即著名的劳丹脂，在整个夏天，劳丹脂会覆盖着当年的新芽以保护它们免受高温炙烤。山丘上弥漫着一股美妙的香气，虽不如 7 月时浓郁，但已令人上瘾。劳丹脂的气味和它的黏性一样强烈。它的气味热烈，几乎是动物性的[1]，浓郁持久，令人惊奇。从岩蔷薇中提取的香脂在香水中十分常见，其类似龙涎香的香调在东方的和谐之韵中必不可少。劳丹脂在娇兰神秘的"蝴蝶夫人"（Mitsouko）中至关重要，娇兰在 1919 年掀起了一场"西普"[2]调革命，他们史无前例地将花香调与充满异域风情的辛香气味融合。岩蔷薇花朵的香味虽融入了其他味道中，却依旧"美艳绝伦"。岩蔷薇花有五片白色的花瓣，中心是一株黄色雄蕊，在每片花瓣的底部都有一处胭脂红色的斑点，安达卢西亚人称之为"基督的眼泪"。岩蔷薇花是安达卢西亚人的财富。

　　我在安达卢西亚找到了自己的事业，这些年来，凡是在气味

---

[１]　动物性香调在香水中必不可少，其用量很小，但气味强烈。常见的麝香、龙涎香等都是动物性香调。——译者注
[２]　西普指一类香水，其前调为柑橘类香气，中调以岩蔷薇为主的花香，后调主要为劳丹脂和橡木苔的味道。"西普"（Chypre）一词源于塞浦路斯岛的法语名，1917 年，法国调香师弗朗索瓦·科蒂（François Coty）推出了一款名为西普的香水，因为其主要原料来地地中海国家，该香水一经问世就大获成功，自此之后西普掀起热潮。——译者注

"生长"的地方，我都忙碌其中且醉心不已。植物赠予我们香水，这些香水产生于距香水店铺十分遥远的地方，产生于自然界的时间长河之中。植物生长于土地中，之后被收割、加工、运输，汇集之后被神秘地组合，最终成为小瓶中的灵剂。打开香水瓶之时，是惊喜与愉悦的短暂时刻，是这些香脂讲述自身故事的瞬间。这究竟是树胶的香气，还是花朵的脆弱之美，抑或是身处独特植物王国的奇妙感觉？这个春天的下午，我开始了一段香气和情感之旅，这场旅程从未真正结束。

我还保留着对约瑟法的记忆。一个夏日午后，在长满岩蔷薇的山丘上，这位吉卜赛母亲正带着她的女儿们在烧劳丹脂。在安达卢西亚夏天的火炉旁，她戴着草帽，手中握着长柄叉，在一些煮着岩蔷薇枝条的罐子旁忙碌，她的罩衣沾上了树脂，面庞被烟雾熏黑。看到我来了，她大声喊道："嘿，法国人，你的西班牙语怎么样？"我们谈到了太阳和火炉的双重热量让人难以忍受，之后聊到她为我准备的树胶。"你让我们承受了如此灼人的痛苦，你应该给我们全身喷上巴黎的香水！什么时候送我们香奈儿？"她边笑边对我说。在她的口中，香水是一个奢华世界的缩影，她能做的只有想象。总之，她的感叹表明熬制岩蔷薇的人与最终产出的小瓶香水间的遥远距离，它们是两个互不相干的尽头，但却共同属于一个故事。

岩蔷薇是一种自然生长在环地中海地区的小灌木，从黎巴嫩到摩洛哥处处可见它的踪影。在酸性土壤上，它们很快就占领了荒芜的土地。不论在何处，只要条件适合，它们就能繁衍数百甚至数千公顷。从前它们多见于塞浦路斯和克里特岛，如今则主要生长在西班牙，尤其是安达卢西亚的西南部，在那里岩蔷薇在栓皮栎树下一直延伸到葡萄牙。

劳丹脂是他们最早用来生产香水的原料之一。公元前 1700 年，美索不达米亚的泥板上就已经记录了劳丹脂。埃及人也对它有所了解，并将其与乳香和没药一起焚烧。在古代[1]，收集劳丹脂是一段美丽的故事。在克里特岛和塞浦路斯，跑遍田间的山羊群晚上归来，羊毛浸满了这种树脂，牧羊人用梳子将其收集之后做成用于燃烧的膏。后来，人们要借助绑有皮带的耙收集劳丹脂，先用这种耙搅拌枝条，再用刀收取树胶。当我结束拜访从田间返回时，我的外套上粘了树胶，我愉快地想象着塞浦路斯的牧羊人，想象他们晚间在火焰旁从皮带上刮去树胶，将其做成球状，这就是如今棒状香的雏形。

我从约瑟法和其他吉卜赛人那里得知，树胶的生产仍是一项十分艰苦的工作，需要用到碱和硫酸。生产树胶曾是萨拉曼卡地区的专长，但后来就转移到了西班牙南部以及埃斯特雷马杜拉和安达卢

---

[1]　西方的"古代"（L'Antiquité）指从约公元前 3300 年文字发明时起至公元 476 年西罗马帝国灭亡。——译者注

西亚长满岩蔷薇的地区了，并最终留在了这座半岛临近海洋的那一端。

安德瓦洛郡是韦尔瓦省最深处的一块地区，毗邻葡萄牙。这是一片历史悠久的矿场，在古代盛产锡矿和银矿，自19世纪以来则出产黄铁矿和铜矿。但在20世纪80年代，力拓河的矿区关闭了，很快，剩下的就只有被铁矿染红的河流以及河流的名字，世界上最大的矿产公司力拓集团保留了这一名称。如今这里残留的只是一片蕴藏着金属的土壤——有时人们还觉得大地在震动，以及一种不惧苦难的农民矿工文化。这是一块有着深厚传统的土地，这是一群团结在其根源周围的民众。采矿、狩猎、马匹和弗拉明戈，在这铺砌着整洁路面的白色村庄，每年前来朝圣的人摩肩擦踵，给这里的生活带来真正的集体感。

我们选择将工厂建在古斯曼镇。古斯曼镇位于这块腹地的十字路口，汇集了所有优势：采矿是在广阔的露天开采，除了乌鸦叫声的回音外别无他声；生产著名的伊比利亚火腿需要伊比利亚猪种，其养殖正是从这里开始；人们在古斯曼镇、加的斯或是赫雷斯驯养骏马，周末骑着它们外出游行；闲时到长满岩蔷薇的山丘上打一打栖息在那里的山鹑；早晨在小酒吧吃蘸着橄榄油的烤面包；逢着节日，无论老幼都会跳起塞维利亚舞，总有人弹起吉他唱起歌，来上一段代表安达卢西亚灵魂的弗拉明戈。

　　我雇佣了一个由十多个村中的工人组成的团队。他们很高兴在矿区关闭后找到了工作，他们也继承了强大的工人文化，包括工会运动。安达卢西亚人着重传统，是讨人喜欢的伙伴。在第一次土方作业完成一年后，工厂开工了，工厂前面成捆的枝条堆成一座小山在太阳下闪耀，等待被研碎和蒸馏。远在乡间就能闻到这里散发出的岩蔷薇的气息。散步的人们从路上遥望着工厂，看着自己那变成香水产地的村庄，就像当初看着他们的矿区一样骄傲。从开采黄铁矿到萃取岩蔷薇，毫无疑问，这片土地是如此的不凡。

　　带我熟悉这个地区的人叫胡安·洛伦索。他养猪，同时也是农田的管理者，在他的帮助下，植物的枝条和树胶才可能成为工厂的原材料。他是地道的安德瓦洛人，兼具农民、养殖者、猎人的身份，话不多的他热爱自己的土地，并且了解关于岩蔷薇的一切。他头戴鸭舌帽，目光澄澈，有着田间工作者的双手，是这个地区的典型代表。自从我能够听懂他的安达卢西亚方言后，我们一起度过了许多时光。他住在山丘中一座美丽的农场里，四周掩映着葱郁的橡树，白色屋子在矿区道路的尽头若隐若现，他在那里养了几匹马，还有上百头品种优良的猪——这些未来的火腿的品质是以在橡树下自由放牧的天数来衡量的。20 世纪 80 年代末，橡果火腿还不像今天这么知名。橡果赋予了火腿中的肉和脂肪独特的味道，彼时它虽只是一种鲜为人知的当地食物，但造访者却不由得被其味道所征服。

胡安·洛伦索逐一为我讲解当地的事物。一直以来，拉普埃夫拉都是岩蔷薇的核心产地。当人们任其生长时，岩蔷薇的高度会超过两米，茎会形成十分坚硬的木材，传统上面包师用它来加热烤炉。几十年来，这里的景色体现了农牧业间的平衡。岩蔷薇在橡树下生长，在冬天橡果则用于给猪添膘。若是岩蔷薇太老了，就将其拔出，重新耕地以播种小麦或燕麦。第二年，荒地会再度被岩蔷薇占据，两三年新长出来的茎叶就会铺满土地了。这种管理方式非常适合该地区广阔的地域，尤其是那些数千公顷的农田、富裕人家的私有土地，或是塞维利亚或马德里狩猎公司的土地。该地区的野味十分有名，而岩蔷薇在其中扮演了重要角色，它庇护了成群的山鹬和野兔，野猪也总在落满橡果的地方出没。

我还从胡安·洛伦索那里得知，制作劳丹脂是吉卜赛人的专长。他们在安达卢西亚定居已久，甚至可以说一直以来就在安达卢西亚，他们从印度北部和巴基斯坦出发，沿着其中一条路线走到尽头，最终在这里落脚，这是一段延续了几个世纪的迁徙，一段鲜为人知、充满悲剧的历史。在安达卢西亚的这片区域，有一些吉卜赛人人口众多的村庄，这些吉卜赛人是岩蔷薇的收集者、树胶的生产者。几年后，因要去种植玫瑰，我前往保加利亚并在那里发现了其他吉卜赛人的村庄。在欧洲的另一端，保加利亚人称这些移民为茨冈人，茨冈人在玫瑰生产中的重要作用就如吉卜赛人在树胶制作中的作用。欧洲大陆两端都有吉卜赛人社群，他们所处的地理位置和扮演的角色呈现出令人惊奇的对称性。他们定居了下来，一只脚踏进了当地的文化圈，另一只脚仍留在自己的生活方式中。他们安静且不卖弄，从不将自己的历史外传。我问到关于他们过去的问题时，他们总是用玩笑或笑声来回应。他们是从何时开始制作树胶的？从他们的父辈就已经开始了，其他的事则不得而知。在这个地区，烧煮树胶是近来的事，20 世纪 50 年代才开始。长时间以来，人们在西班牙中部的塔霍河畔采集岩蔷薇，之后才转移到南部，在南部地区移民建造了在欧洲无与伦比的岩蔷薇园地。吉卜赛人在欧洲西部采集岩蔷薇，在欧洲东部采集玫瑰，他们生活在社会的边缘且仍在不断被边缘化，但他们在任何地方都是采集者。这些群体在这神话般产品的源头有着卓越的功劳，却常常被忽视，但他们在意吗？

　　作为管理者，胡安·洛伦索要在其庄园中选择适合砍伐的地块。和他在一起的一天很早就从酒吧开始了，还有一小杯浓咖啡、涂了橄榄油的面包和当地的奶酪。果不其然，吉卜赛人也加入了，漫长的商谈开始了。人们不是用西班牙语交谈，而是用安达卢西亚语，讲这种语言时人们会吞掉几个音以显得更加铿锵有力！我们将参观广阔田产中的一些田地，评估枝条的质量、可用性以及数量。

胡安有自己的策略，可以不用付钱就得到岩蔷薇：他在即将种上小麦的田间劳作几小时，以此为交换。他认识这个地区所有的吉坦部落村庄，这是不可或缺的关系，因为树胶是属于家族的故事。胡安把我介绍给他们，我外国经理的身份似乎有了某种担保的价值。我们预订了这些家庭整个夏天将要生产的树胶，以桶计数。

离小路几公里开外的远处乡间，一两个吉卜赛家庭为这个即将到来的夏季建立了一个劳丹脂生产站，他们成功拿到了进入私产田地的通行证。建立这个生产站需要附近有水源，最理想的情况就是靠近几条夏天仍在流动的小溪之一，溪边的野生夹竹桃就是夏季其仍不干涸的标志。这个季节的工作坊由十多个 200 升的旧油罐组成，在油罐周围要挖一条沟，以在工序最后收集烧煮产生的水。

上午用来砍伐枝条，趁着夏天的气温还未使劳作变得不可忍受。砍伐岩蔷薇看似简单，但要做得又快又好还不至于筋疲力尽就是一门艺术了。工具是一把厚镰刀，刀片上有锯齿。我们只收枝条的上半部分，也就是当年生长的部分，这部分因渗出的树胶而呈红色，且依然柔韧。应避免砍伐的位置过低而碰到坚硬的木质茎，因为这部分不仅难以碾碎，而且产出很低。经验丰富的收割者动作令人印象深刻：他们抓住几根茎，像砍树枝一样用镰刀砍断这些茎——动作很快，非常快。一把把茎留在地面上，直到足够扎成一捆。收割者的皮带上拴有细绳，以便将岩蔷薇捆扎成束。晨曦中，采集者在太阳下弯着腰，在田间前进，之后用长柄叉将成捆的枝条装满驴车，高高堆起。这种"仪式"与法国许多乡村五十年前收割干草和收获粮食的过程非常相似，在别处现已不多见了，而这里农民的生活却从未改变，就算岩蔷薇比麦子更难收割，也只好认了。

　　人们将驴车停在油罐附近卸货。妇女们准备好了烧煮岩蔷薇，这将持续到晚上。人们用前几天生产中已熬干的枝条给装满水和碱的容器加热：枝条堆在罐子旁，然后点火。炎热的午后呈现出惊奇的景象，火苗和烟雾在太阳下升起，熏得黑黢黢的油罐中的东西逐渐沸腾。妇女们用长柄叉把上午收割的枝条放入罐子中。一小时后，茎和叶的树胶已经溶解，可以将火灭掉并将枝条取出了。剩下的就是更为精细的操作了，由一家之主来完成。他身着运动短裤和人字拖，衬衫上沾上了树胶，拿起一桶硫酸并将其小心地倒入另一个桶中，之后倒入每个罐子中。随着酸中和了罐子中的物体以及树胶的沉淀物，每个罐子都在冒烟、沸腾。此时在罐子的底部出现了一层厚厚的劳丹脂。在长棍的搅拌下，这层劳丹脂失去了水分和空气，最终变稠，如美丽的米色黄油一般。

　　作为见证人，我见证了这来自另一个时代的场景并被其深深吸引，在操作者表面的漫不经心背后，我看到了历代人无声的遗产，对于他们来说，生活始终是艰难的，风险也一直是一种与命运的游戏。在一天快要结束时，产出的两三桶树胶送到了我们的工厂。经过干燥，树胶成为具有珍贵香气的衍生物。岩蔷薇的香气如此强烈，以至于采集者整个夏天都会带着它们的气味，这缕香气也随着我回到朗德省。

吉卜赛人是树胶的烧煮者，但他们的故事很快就成了过去。废水、盛夏的明火、酸和碱，没有任何安全措施，这一切都不可持续。该省和地区政府逐渐给这一生产过程制定了规章制度，几家当地企业现在也生产劳丹脂了，而且是在有安全保障的工厂中，加工过程中产生的废水也会被回收。仍有许多吉卜赛人在制作树胶，但终有一天他们会满足于只做岩蔷薇的收割者，这项工作虽然辛苦，但薪水不错。不久之前，罗马尼亚人也来到了吉卜赛人的岩蔷薇圣地，他们在韦尔瓦的海滨地带采摘草莓和柑橘，并试图登上山丘来寻找收入更好的工作。罗马尼亚人加入吉卜赛人则是一场奇特的相遇，但这两个群体的渊源已过于久远，他们自身已经无法感知。

胡安·洛伦索经常问我——枝条产生的树胶或精油是如何进入奢侈的香水小瓶之中。"你在巴黎或纽约会提到我们吗？"他问道，"你应该帮我们把调香师带到这里来，我将告诉他们为什么安德瓦洛郡是世界上最美的地方。"我故作镇定地答应了，但我不能向他坦白，事实上我认识的调香师并不比他多……我的公司在朗德省，离格拉斯和日内瓦很远，我完全不了解香水业，对其运作方式及其参与者我都一无所知。我用几个品牌的名字给了他错觉，而我是法国人这一事实则赋予我声望，我努力试图延长并维护这种声望。随着时间的流逝以及工厂的成功，一些调香师来到了拉普埃夫拉，胡安·洛伦索为此对我非常感激。他目光明亮，头戴一顶无可挑剔的鸭舌帽，带领我们惊叹不已的客人去往树胶生产站，去寻找田间的收割者。晚上，他农场里的火腿将会使他成为"明星"。

古斯曼镇因朝圣节（romeria）而闻名，这是每年四月末为显示对主保圣人佩纳圣母（Virgen de la Peña）的敬重而进行的朝圣。我刚到这里时就听说了。每年，来自安达卢西亚各处的数万名朝圣者和数百名骑士会到来，这是村庄的骄傲，是其存在的价值。在我们认识一年后，胡安·洛伦索邀请我正式参加朝圣，这意味着在两天的时间里，我要身着安达卢西亚的传统服饰并骑马上山。庆典的早晨，我们骑上马，聚集到一起，列队在山路中行进几公里，这条路旁长满岩蔷薇，最终通向山顶的圣母教堂。妇女侧坐在马上时身着骑士服，跟在骑士身后登山时则穿塞维利亚长裙。我坐在一匹骏马的马鞍上，头戴平顶帽，身穿灰色马甲，绑着皮质护腿，我觉得自己就像历史剧中的角色。我跟着胡安·洛伦索，我们五颜六色的队伍没有走在大路上，而是在桉树和岩蔷薇间的小路上，安静从容地前行。到达隐修院后，骑士们下马了，将马拴在绿橡树的树荫下。圣母的雕像一年只面众一次，由十二个当选者搬运，这些当选者的选拔复杂而严格，这是一项殊荣，有时甚至要等上十多年才能当选。几个小时后，小教堂前的空地聚集了上千人，当雕像搬运者终于出现时，热烈的氛围达到顶峰。伴随着泪水、祈祷、歌声，人们都想触摸雕像，队伍艰难地前进。这一切在我看来相当震撼人心，似乎有些不真实。这几个月来我在当地所经历的生活与文化的点点滴滴，都在这场超脱日常、超越时间的盛大仪式中获得了意义。我与岩蔷薇的故事将我带到这里，似乎命中注定。

我们成功地走近了圣母像，她就在那里，端坐在宝座上，这是一尊服饰华丽的大雕像，被众人高举过肩。在她暗红色且镶了金边的外衣上，有一大朵岩蔷薇花，绚烂夺目，所有人都能看到。在一根金色枝条的顶端，是几个白色大花瓣，在每片花瓣的基部有一个红色斑点——"基督的眼泪"。

我看得入了迷，一切似乎都变得明朗起来，在山丘之巅，圣母衣衫上的花朵就是这夏日岩蔷薇田散发出的迷人气息的化身。当微风拂动，叶片上的树胶在艳阳之下熠熠生辉，仿佛是从这富含矿产的炽热土地里流出的熔化的金箔。

上普罗旺斯的薰衣草

蓝色的收获季

"**我**还是个孩子时就了解薰衣草了，但这个……我觉得从没有闻过香气如此美妙的东西。"在位于讷伊的办公室中，窗明几净，金属工业风装饰，地上铺着厚厚的地毯，调香师法布里斯正在不慌不忙地品鉴。他手中拿着一张长条形的试香纸，将顶端放入小瓶精油中沾湿，然后缓缓地将试香纸放到鼻子下面，来回移动，将其放下又再拿起来，整个过程十分安静。试香纸是香水瓶与鼻子间的桥梁，是调香师的基础工具，是在皮肤上试香前的第一步。我看着他还在闻我刚带来的新样品。法布里斯是格拉斯人，是一位伟大的调香师，一位天然原料专家，他平时在巴黎与这座他心爱的城市之间往返。他腼腆，因而不太爱说话，但每次在遇到新气味带来的惊喜时，他淡蓝色的眼睛就会明亮起来。在讷伊，他是我们公司精制香水[1]创造团队的一员。在格拉斯，他评估我们实验室开发的新香调。不论是开发了新植物，还是采用了新萃取方法，法布里斯都将对这些创新的气味进行品鉴。在我的面前，他的桌子上摆满了小玻璃瓶，机器人每天称重并混合出十多种试验样品，供他来推进手头的许多项目。

不论是独自工作还是团队合作，调香师都在同时进行众多香水

---

[1] 香水分为两种，功能性香水（Parfumerie fonctionnelle）和精制香水（Parfumerie fine）。功能性香水中的芳香物质要有益于产品功能，如洗涤；精制香水则完全用于嗅觉享受。——译者注

的创作。每个香水品牌在推出下一款香水时，对期待实现的香调已有所构想，调香师需要贴合这些构想进行创作。他们的配方结构复杂，是几十种天然或合成成分的精妙结合，每种成分都需要根据其化学性质和香气特征绘制在气味轮图上，随着季节变换，它也必须与调香师记忆中精确的气味印记相对应。原料品质可能发生潜在的变化，但不能破坏各种成分组合后的平衡，因而供给原料的任务经常较为棘手。对于天然材料的采购者来说，质量和稳定性是两项基本要求，不论原材料产地是在下雨还是在刮风。在客户的要求下，调香师需要多次修改他们最初的想法，才能最终赢得项目。沮丧与失望是他们的日常，至少不像杂志和公众尊称为"鼻子"的调香师那样光鲜亮丽。

法布里斯为众多品牌创作香水并因此而知名，这些品牌包括蒂普提克（Diptyque）、回忆（Réminiscence）和阿蒂仙（L'Artisan Parfumeur），他是高级香水业的拥护者。他在天然材料精妙的结构中施展才华，这使他在帕科（Paco Rabanne）、高缇耶（Jean Paul Gaultier）和阿莎罗（Azzaro）等品牌那里获得巨大成功。他在闻香方面帮助了我很多。如果没有真正的学徒经验和常年的练习，闻香只会是一场徒劳的寻觅，但在法布里斯的指导下我已掌握了基础。在田间以及在工坊，我们在花香中感受绿意或甜美，在新鲜的精油中辨别出植物经熟煮产生的香调，并逐渐学会使用一些能唤起人们遐想的词汇来描述香调。我们谈论各种物质的味道，如金属、腐殖土、雨水、收割后的牧草、牲畜棚、盐渍表皮、新鲜皮革……法布里斯传授给我的珍贵知识，宛如一只可以随身携带的锦囊。那天，他和我正在谈论薰衣草，这本来已是非常熟悉的花，但却总给人重新发现它的渴望。在普罗旺斯7月的阳光下，薰衣草散发出浓烈的香气，这可能是最为著名、最为常见的香气，它让人回想起夏天，回想起衣橱以及清爽的古龙水。薰衣草是法国人最喜爱的味道，是普罗旺斯的象征，是南法和地中海的味道。在肆意湛蓝的天空之下，薰衣草田的颜色飘忽不定，既不是真正的蓝色，也不完全是淡紫色。薰衣草的颜色十分精妙，随着太阳、时间，以及花田的朝向和面积而变。如今，在世界各地都有种植薰衣草，但它真正的根，深邃的根，是在这片土地上。任凭时光流逝，薰衣草一直是法国的标志性香料。所有法国人都欣赏它的味道，所有法国人都能辨认它的味道。

当法布里斯谈到这些花穗时，他眼中的光泽以及他的普罗旺斯口音让我想起上普罗旺斯的天空："一株美丽的薰衣草是芳香的、清爽的、有穿透力的、充满活力的。它闻起来很干净，就如白布上的阳光。"我们两个人都知道，如今保加利亚已成为香水业中薰衣草精油的主要供应国，这使得法国的薰衣草精油产量下降。对于法布里斯这个普罗旺斯的孩子来说，这是个难以接受的事实："我经常闻到保加利亚的香水，但大部分都很平淡，带有菌菇的气息，几乎就是罗克福奶酪的味道。但今天你让我闻的这瓶薰衣草精油味道清晰而高贵。你这瓶样品来自哪里？"于是我向他讲述了普罗旺斯的薰衣草生产者在面临更便宜的外国产品竞争时，是怎样不惜一切代价拯救法国的薰衣草，以及我怎样遇到了热罗姆，三年来他一直在培育一个新的杂交品种，并满怀希望地问我是否可以把他的样品介绍给我们的创造师。法布里斯满心欢喜，他说："这太棒了，我十分想去看看……"只用了片刻时间就决定了，我们将要去南方，马诺斯克方向，我们将从那里去参观热罗姆的花田。在法布里斯的架子上，在他成功创作的香水旁，他摆了几张在格拉斯采摘茉莉花、晚香玉和玫瑰的旧照片。还有一张传统薰衣草蒸馏器的照片——蒸馏器放置在他的旧车上。这位调香师的儿子觉得自己是法国南部这漫长历史的继承者和参与者。身处巴黎的他有些被放逐的失落感。

　　我的祖母是普罗旺斯人，对我来说，去马诺斯克首先是重新进入儿时假期在法国南部的记忆，那时房子里所有的衣橱都有薰衣草的味道。当祖母还在迪涅读小学时，她见证了 20 世纪之初薰衣草精油蓬勃发展的年代。在向我讲述童年见闻之时，她又找回了最初的口音。她说到薰衣草时就像小孩子谈到复活节那天的橄榄枝或糖渍水果一样。在第一次世界大战之前，市镇小学里的道德课教师会在课后让孩子说服父母种植薰衣草。这是一项家庭任务，但对这一地区来说则是一项真正的事业。当然，马诺斯克还是伟大作家让·吉奥诺的世界。在《普罗旺斯》中，他写到优质的薰衣草出自高山，出自吕尔山的山麓，它是上普罗旺斯的灵魂。他将故事的核心设定在阿尔卑斯山与普罗旺斯之间，位于遍是山羊、石头和风的贫瘠土地之上。在 20 世纪最初的几十年，整个地区都以薰衣草为生。这是耕作的世界、蒸馏器的世界、精油交易的世界，不论迪涅还是马诺斯克都是如此。吉奥诺写道："在收获的时节，夜晚是芬芳的，夕阳是收割后花朵堆在一起的颜色，夜间，安装在油罐旁的简易蒸馏器吹出红色的火焰。"

真正的历史还要更古老些。在古代，这个地区的放牧家庭就已经开始用镰刀收割野生薰衣草了，即那些生长在山坡上的广阔的野生花簇。保存下来的最早的蒸馏器可追溯至 17 世纪。自 1850 年起，薰衣草精油的需求量大增，蒸馏的工艺开始改良、规模不断扩大。最初是在田边使用原始小蒸馏器，之后被车载蒸馏器所替代，后者流动于各个村庄，应农民的需求来蒸馏他们带来的植物。在近一个世纪中，这些蒸馏器是该地区生活的一部分。装着铜桶的骡车逐渐被卡车代替，但其功能未曾改变。薰衣草的大规模种植在 1890 年前后开始，为回应工业需求，这是势在必行的变化。在第一次世界大战造成骇人的损失后，因缺少劳动力，原始的采摘难以为继了。朱利安是我祖母的兄弟，1915 年他 20 岁，在索姆河战役中死亡。她从未提起过他，她更愿意分享薰衣草相关的回忆。

经过栽培，薰衣草的种植环境逐渐脱离山区，它们的气味也变了。精油失去了一点灵魂，气味也不那么精致了。这是精油获得巨大成功的代价，在一个世纪之中，薰衣草默默地与格拉斯香水业的发展联系在一起，而香水业的繁荣又与城市中企业家及他们香水作坊的非凡成就密不可分。20 世纪二三十年代既是香水业的巅峰、格拉斯的黄金时代，同时也是天然原料的黄金时代。一些著名香水工厂的名字，如席梅尔（Schimmel）、罗蒂埃（Lautier）和希里斯（Chiris）都是到 60 年代才与这座城市的历史有所联系。为了保障精油供应，他们都将大型蒸馏厂建立在上普罗旺斯。薰衣草促使格拉斯成为世界香水之都。

当法布里斯和我到达马诺斯克后，我们首先去了瓦朗索勒。在第二次世界大战之前，这个大高原只是一片广漠的碑石之地，其上偶尔有橡树林和松树林、放羊的牧场，以及一些种植的巴旦木。在巴旦木二月花期之时，高原上呈现一片令人心醉的景象，但几乎每三年中就有一年的收成毁于霜冻。巴旦果仍是苦难之下的产品，我祖母记得那些受雇去砸开巴旦果的妇女，她们的酬劳就是巴旦果的壳，这是她们工作中的副产品，她们将其回收用于取暖。巴旦果首先供应给牛轧糖制造商，当我和祖父母一起去南部，在蒙特利马买牛轧糖时，我总会想到这些女工。就在第二次世界大战前，当地的一些先驱者设想将高原变为可耕种的土地，人们说 1938 年送到瓦朗索勒的拖拉机是法国农业领域中的第一批拖拉机。自 1950 年起，人们在这平坦而荒凉的广阔土地上看到了大面积种植薰衣草和小麦的契机。几年之中，巴旦木被拔除，几千公顷土地上的石块都被清理了，瓦朗索勒则被大片的芳香花穗所覆盖。

半个世纪后，一切都变了，但大部分来访者都未意识到。瓦朗索勒的薰衣草田地曾是明信片上著名的象征，但现在这里却种上了杂交薰衣草，真是令人诧异。杂交薰衣草是薰衣草的近亲，由两个品种杂交而成，它产量更高、耐受性更强，自 20 世纪 70 年代起，杂交薰衣草就成为高原上的主要品种。它比薰衣草便宜许多，杂交薰衣草精油成为香水业中必不可少的天然原料，尽管它的樟脑味要更强一些，但它仍与真正薰衣草的香气有几分神似。杂交薰衣草常被添加在去污剂、洗衣粉、洗发水中，主要起功能性香水的作用。在法语中，薰衣草和杂交薰衣草的名字差别甚微，当地人有意无意地将二者稍作混淆，为的是让前来欣赏薰衣草却只能看到杂交薰衣草的游客不至于失望而归。这两种植物很相似，需要些经验才能将其区分开。薰衣草的茎更短，花穗颜色更蓝，它有历史带来的声望，气味也更加细腻别致。杂交薰衣草在香水工业中必不可少，如今该地区绝大部分的种植品种及装饰用花都是杂交薰衣草。若要找到真正的薰衣草，需要爬到海拔更高处，到它的发源地去。

在迪朗斯河谷与韦尔东峡谷之间，每年七月，几千公顷的花田形成了世界上独一无二的奇景，浓郁的色彩无边无际，深浅错落的紫色波浪在地平线处与蔚蓝的天空相接。当七月中旬，杂交薰衣草的收获时节到来，人们夜以继日地收割，拖拉机进入蓝紫色的花海，留在其后的，是失去花簇的茎组成的一条条淡绿色的尾迹，何等壮丽的景观。收获的花被直接吹入当作蒸馏器的容器之中，容器通上了附近蒸馏厂产生的蒸汽。

法布里斯和我慢慢穿越这片广阔的色彩，从橡树林中蜿蜒的小路走到了高原顶部，到了热罗姆位于旺度山和巴农镇之间的农场。这里因海拔过高——地势远高于大片种植杂交薰衣草的地区，真正的普罗旺斯薰衣草在这里依然存在。热罗姆是农家子弟，这个七月的早晨正值他田地的收获时节，他非常高兴地接待了我们。鲜艳的蓝紫色带子铺在金黄色和白色砾石层上，山谷间全是这些植物，蜜蜂在其中嗡嗡作响，呈现出整个旺度地区的壮观景象。一阵温柔的风带来下面劳作的收割机声音。一眼望去，法布里斯和我有着同样的感觉，那就是绝对的宁静。

"我知道对于这里的人来说，这种植物代表着什么，人们经常将其忘记。"热罗姆这样对我们说。法布里斯也是格拉斯之子，他点头附和。年轻的热罗姆选择继续种植山地薰衣草，他坚信市场终有一日会承认他的精油优于保加利亚的产品，法布里斯的到来证明他是对的。他的产品通过了有机认证，其优势在于质量和高端。热罗姆刚刚投资了一家新的蒸馏厂，他寄希望于多样化的产品，如鼠尾草、百里香、蜡菊，尤其是较为高贵的薰衣草品种。在巴黎的时候，我让法布里斯闻了一些新培育的品种，这是热罗姆这位精油农产主自豪地向我们展示的珍品，三年来，他是种植这个新品种的先驱之一。他的产品成为我们的专属原料，他的投资和坚韧正在得到回报。

在农场上方，我们沿着山脊行走，田地被隔绝开来，有些隐蔽，我极目远眺，试图将阿尔卑斯山的开阔景象尽收眼底。我们终于看到了他的田地，斜坡上有20个带状区域，迷人的蓝色几何体从远处山谷单调的绿色中脱颖而出。"它们差不多熟了"，热罗姆揉搓花穗，闻它们的味道，同时对我们说道。它们的味道纯净而深沉，没有樟脑的香调，法布里斯审慎地评论道："你的薰衣草有山风的味道，这是它与众不同之处。"这位调香师在一排排薰衣草中大步走着，他目光中特有的蓝色投向阿尔卑斯山，沉浸在薰衣草的香气之中，他的鼻子使他的神思开启创作模式："在香水业中，薰衣草不再真正流行，但这种香调却让精油原有的细腻得以重新焕发。"法布里斯有个想法，他打算将其作为一款在研香水的尾调。热罗姆这位生产者毫不掩饰接待调香师的愉快，他想象着自己的劳动成果能够出现在某个品牌香水中。剩下的就是产量问题：热罗姆能否提供足够数量的薰衣草，以支持推出一种新的香水配方？在这两个热情的普罗旺斯人之间，他们的文化如此相近，对话中的用词超越了时间，收割者和调香师间的默契如此真实。在巴黎，四处张贴的海报正在大事宣传法布里斯为阿莎罗创作的最新作品，但在这里，他专注地漫步于花簇之中，决心在这片美丽的田地中找到新创意的关键。远离名望的泡沫，他继续与热罗姆书写着普罗旺斯香气的悠久历史。种植者和调香师间的桥梁——这可能就是我尽力所做之事存在的真正理由，尽管我不能将其称为职业。

在旺季，成群的蜜蜂采蜜声不绝于耳。在我们周围独特的美景中，法布里斯越来越不掩饰他的情感了。"在这些山间，农民也是创造风景的人"，热罗姆向我们解释道。凭借薰衣草、橡树和蜂群，他梦想将这个地区带回一百年前，或许还能将这一遗产完整保留下来。风带着色彩与气味，奏响了高海拔处寂静的交响曲。在祖父的土地上，热罗姆不允许自己沉湎于曾经的辉煌。我们在农场里讨论了几个小时，根据他预测的收成，我决定买下他全部的产品。几个月后，他的薰衣草将在法布里斯为阿蒂仙设计的精美香水中享有尊贵的荣耀。借着"普罗旺斯的田园诗"这款香水，法布里斯告诉我，热罗姆的薰衣草带来了灵感与震颤，这正是他一直寻找的——唤起普罗旺斯的风光。

薰衣草在山间顽强抗争着，杂交薰衣草则在平坦的高原上大量种植，曾经的上普罗旺斯花穗如今却走上了不同的道路。在下午快结束时，我们又一次穿过了高原。走过瓦朗索勒村之后，几辆旅游车停在路边，在荒郊野外，迷失在杂交薰衣草的海洋中。二十来对穿着结婚礼服的新人从车上下来，来跳一场虚幻的芭蕾。一些身着白色长裙、打着阳伞的中国女性在淡紫色的排排花丛中边走边笑，拿着手机拍照。几年前，《又见一帘幽梦》这部中国电视剧吸引了两亿观众，剧中的主人公正是在普罗旺斯结婚。如今，中国游客来切身体验杂交薰衣草田的美景——以蓝紫色花穗为背景的微笑自拍。杂交薰衣草是上普罗旺斯农业现代化的象征，如今它在婚纱的白和花穗的紫这种不寻常的搭配中，迎接现代旅游业的浪潮。

第二天，在回到热罗姆农场的路上，和他一起沿着橡树林行走时，我想到了《种树的人》的故事。在让·吉奥诺的这则短篇小说中，故事开始于 1913 年，开篇便是对一片高海拔荒地的朴素描写，这里毫无生气，只长了一些野生薰衣草，一个牧羊人穿过此地，用一根铁棍当作拐杖，他的口袋中装满橡子。牧羊人独自一人在荒地上播种，种出了一片森林，吉奥诺讲述了牧羊人的成功，这片土地的转型由此开始。而如今，这片区域中蓝色的薰衣草变为淡紫色的杂交薰衣草，巴旦木也消失了，但游客却一直越来越多，这个区域要变成什么样呢？

　　闯入这些高地让我们相信了吉奥诺的话语和他对这个地区的看法，这里藏得有些太高了，旅游车无法开上来。热罗姆有他自己的橡树和薰衣草，他是这个故事的传承者，虽然他培育的薰衣草不再是野生的，但其气味依然独特。薰衣草就生长在树林旁，正如大步流星踏遍荒原的作家吉奥诺所设想的那样。

沐于四方风中的花

波斯、印度、土耳其和摩洛哥的玫瑰

我的工作围绕着用于制作香水的玫瑰开展了二十年，在万千种观赏玫瑰中它们是如此特别。我曾亲自种植、蒸馏过花卉，也研究并采购过各式各样的精油。在许多国家，这些玫瑰沿着古老的香料和丝绸之路扎根后盛开，我正是这样遇到了它们。在普遍的想象中，玫瑰象征着香水，没有玫瑰就没有香水业。悠悠岁月曾以各种形式表达对它的崇拜：鲜花或干花，有玫瑰香气的精油、喷泉或美酒。随着时间的发展，一种特别的玫瑰成了专门制作香水的玫瑰：大马士革玫瑰，它源自伊朗设拉子地区。这种玫瑰从波斯出发，沿着闻名世界的道路旅行，最终到达大马士革，这里是中世纪地中海地区的主要贸易中心，十字军正是从这里将这种玫瑰带回欧洲并命名为大马士革玫瑰。波斯人在 8 世纪前后发明了蔷薇水，在此后的八九个世纪中，从中国到欧洲，整个世界都弥漫着蔷薇水的芬芳。直到 17 世纪印度发明出玫瑰精油，从此使玫瑰正式进入了香水之中。

我的记忆在这些四方玫瑰中漂泊。不论是短暂的相遇还是长久的停留，我都喜欢在玫瑰扎了根的地方闻它的香气，历史上是沙漠商队将玫瑰种子从设拉子带向远方。不论我在何处遇到这些玫瑰，它们都是诱人的，就像一位公主，居住在山区乡村的尽头或沙漠边缘的偏僻花园之中。凡是玫瑰生长之处总有水流，玫瑰被杨树、胡桃树和果树环绕，在小麦或紫苜蓿旁随风摇曳，燕子飞翔，夜莺歌唱。采摘玫瑰的年轻女孩们忍不住将它点缀在发间。园丁为了呼吸它的芬芳，清早就开始悉心照料，日复一日地沉浸在蒸馏瓶里流动的气味中。每年春季，玫瑰在一场脆弱的粉色狂潮中绽放三个星期，随后陷入沉寂并深深睡去。

波斯人深爱着玫瑰，一千多年来，玫瑰是其历史和文化的一部分，并且深深地刻在当地人的心中。为了向玫瑰致敬，我首先去了它的摇篮之地设拉子。这是玫瑰与夜莺的城，二者一直相伴存在于波斯人的诗歌中。不久之后，在伊斯法罕的集市上，我在世界各种香料之中发现了干燥的玫瑰花蕾，其颜色是近乎紫色的深玫瑰红色，味道是花香和干草的混合。商家还提供各种传统大瓶装或现今小瓶装的蔷薇水，标签的颜色各不相同。加姆萨尔是伊朗蔷薇水生产之都，在这里我看到数十位朴素的生产者在自家的院子中用简单的铜制小蒸馏器加工花朵。蔷薇水的制作方法古老而简单：将新鲜花朵和水混合后煮沸，之后让产生的蒸汽经过冷水而凝结。花朵的水溶性香露被蒸汽所捕获，收集的水因而变得芳香。在大肚玻璃瓶的细颈处有时漂浮着一层金黄色的精油薄膜，它不溶于水，是高品质蔷薇水的象征。在伊斯兰文化中，蔷薇水无处不在，是洁净之源，人们用它洗手、喷洒在房屋或清真寺的墙壁上。在伊朗，它是日常生活的一部分。

我穿越了伊朗高原，这里犹如矿物的海洋，微风轻轻拂过，远处是蓝色的山峦，高原上随处可见开心果树和石榴园，枣树荫下常有小村庄。从北到南，玫瑰令人惊叹，它们就是沙漠中的绿丝带，绿色的茎和叶上装饰着花朵，高海拔和干燥的空气使花的颜色显得尤为强烈。它们被种植在海拔超过 2000 米的高山上，玫瑰的花蕾在高山的风中摇曳，周围是绝对的寂静。

在茫茫沙漠中一条小路的尽头，在一个看似绿洲的地方，我遇到了一些玫瑰的种植者。夜晚围着火炉喝茶时，我意识到除了茶壶旁添了小收音机以外，沙漠商队从古至今几乎没有什么变化。在一棵枣树间，在劈劈啪啪的火光之上，一只鸟儿开始唱歌——夜莺在那里，似乎是理所当然的。一千多年来，夜莺在整个波斯的玫瑰园周围歌唱，香气之水缓缓地流淌在这个地区的血液之中。

一个美丽的故事讲述了玫瑰精油的诞生，自其诞生以来，玫瑰精油已成为香水的一部分。1611 年，在印度北部的阿格拉，莫卧儿帝国皇帝贾汗吉尔与努尔·贾汗举行婚礼，努尔·贾汗是一位有着独特美貌与智慧的波斯人。在母亲的提醒下，努尔公主注意到在为庆典活动准备的玫瑰洗澡水表面形成了一层金色的油，于是发现了玫瑰精油。她将这珍贵的精油献给夫君，她的夫君这样写道："这种香水如此强大，只要在手掌中滴上一滴，整个房间都香气扑鼻，仿佛一吨花蕾同时绽放。没有其他香气可以与之匹敌，它鼓舞心灵，让灵魂重焕活力。"

　　在距离阿格拉和泰姬陵 3 个小时车程的地方，我在一家蒸馏厂中寻找努尔精油的痕迹，似乎自莫卧儿帝国以来这里一切都未改变，只有几盏电灯显示着时代的差异。在这个偌大的生产工厂中，所有人都戴着头巾，系着缠腰布，光着脚工作，一位蒸馏工蹲在一个大铜缸上，手工制作用于密封蒸馏器的黏土细绳。竹竿通过编织的绳子连接在一起，编织绳组成的图案是一件名副其实的艺术品。精油被收集在精制铜罐中，之后储藏在用黏土墙壁围砌的房间中以保持凉爽。在蒸馏器下干燥的牛粪不断燃烧着。这些与泰姬陵同时代的蒸馏厂颇有些雄伟，甚至透出些许神秘感，仿佛在向玫瑰精油的发现者贾汗吉尔和努尔公主致以无声的敬意。

　　在土耳其，几年来我一直照管一家生产玫瑰提取物的工厂。自 20 世纪 30 年代以来，伊斯帕尔塔周边的五十余座村镇孕育了整个国家用于制作香水的玫瑰。保加利亚曾是苏丹[1]们最为钟爱的玫瑰产地，它的独立导致奥斯曼帝国失去了这片玫瑰天堂。后来，土耳其人花了将近五十年的时间重新找回了这失落的玫瑰。我还记得艾哈迈德，他是我们的花卉经纪人，他住在一个山谷尽头的遥远村庄中。在山坡上，精心照顾的玫瑰花就像展开的地毯一样挂在小麦和杏树之间。核桃树的影子下是农民用石头、混有干草的黏土和木

---

[1]　"苏丹"（法语为 sultan）一词原本是阿拉伯语中的抽象名词，有"力量""治权""统治权"等意思，后来成为几乎享有绝对主权的地区统治者头衔。——译者注

头建造的房子。女人们编织、去田间劳作，男人们边喝咖啡边聊天，他们经常抽烟，喝茶，玩多米诺骨牌。艾哈迈德的店面是一个蓝色的小房间，里面有一张桌子和一杆秤。墙上是穆斯塔法·凯末尔·阿塔图尔克的乌贼墨画像，他是土耳其共和国国父，画像中他头戴羊羔皮直筒帽，眼睛是狼一般的灰色。正是因为他在 20 世纪 20 年代通过创立一家大合作社和几家蒸馏厂，玫瑰在伊斯帕尔塔得以重新焕发生机。艾哈迈德邀请我在他的木板露台上吃午饭，露台一侧悬挂在一棵年老的核桃树上，核桃树的枝叶遮蔽着露台。他还将他最小的女儿松居尔介绍给我，那时松居尔应该有十岁了，她名字的意思是"最后一朵玫瑰"，在她热切的目光中，我明白了她的名字代表着土耳其人的全部决心——继续苏丹曾希望的玫瑰种植，还有奥斯曼人在他们的土地上蒸馏花中女王的骄傲。

在距设拉子很远的地方，在摩洛哥的南部，面对着阿特拉斯山脉，大马士革玫瑰在每年 4 月盛开。已经没有人知道从何时起、出于何种原因玫瑰来到了这里并在此繁衍。20 世纪 30 年代末，法国移民在小镇建立了两座花卉萃取工厂，他们了解到当地农民用玫瑰做成篱笆围在作物四周，人们会采集玫瑰花蕾，干燥后与散沫花一起使用。这些沙漠中的工厂曾经是并且一直都是与众不同的。它们建立在石头和沙子上，坐落在一座堡垒之中，堡垒的阿拉伯语是"Ksar"，这是一个宽阔的院子，四周是有垛口和角台的建筑。从工厂中可以看到阿特拉斯壮观的景色，还可以俯瞰低处河流旁绿色的作物。有几年的时间我在工厂监督其运作，那时我好像陷入了时光之中，那是一次梦幻般的停留。工作间里是萃取器——生铁铸成的黑色大轮子，就如巨大的洗衣机一样。工厂建立五十年后，一切都还保持着原样，不论是大重油锅炉还是巨大的保险柜。工厂内部的氛围仍和 20 世纪 50 年代相同：认真书写的老式花卉采购单及生产记录簿，一些已经消失的公司专用的小瓶子，还有当时的家具。

　　当我们离开工厂，走向玫瑰篱笆，山谷中两条河流的周边都是花园，这是沙漠中繁茂的镶嵌画。随着季节变幻，在被玫瑰和果树环绕的蚕豆园中，水在小水渠中流动。一大早，女孩们身着柏柏尔族服饰，用披巾和帽子为面部遮挡阳光，带着篮筐沿着篱笆行走。她们悄悄地、谨慎地采摘人们所说的野生玫瑰。在田间，每隔一段距离就会出现一些庄严的剪影，它们是曾经建在水边的堡垒。这些用红土或赭石建造的城堡曾是沙漠中的雄伟建筑，在太阳下十分耀眼，而如今都已废弃。屋顶坍塌后，这些堡垒也开始溶解于雨中。废墟还屹立在伊甸园之中，土和稻草做成的墙壁已逐渐消散，仿佛并不情愿，真是令人忧郁的景象。唯有鸟叫和水声打破寂静，风吹过柳树，孩子们经过此处，将几头牛推到他们前面，头上顶着大捆苜蓿的年长女性跟在孩子们后面，女孩们则将她们采摘的花朵送到称重站。

我曾一度认为大马士革的玫瑰就止步于这美到极致的绿洲了，但彼时我尚未探索保加利亚——这个以玫瑰为象征的国家。

希普卡的鸟

保加利亚的玫瑰

我与保加利亚玫瑰的初次相遇可以追溯到 1994 年，距离柏林墙倒塌不到五年。我参加了国家垄断企业保加利亚玫瑰公司（Bulgarska Roza）组织的一个国际研讨会，该公司是保加利亚国内玫瑰精油唯一的生产商和销售商。卡赞勒克位于保加利亚中部，历史上是花中皇后之都，这里的外国游客为数不多，人们建议这些游客做的第一件事就是参观玫瑰博物馆。

在离市区稍远的地方就是国家玫瑰研究院，虽然在新时代下研究院失了大好资源，但它依然维持着一个农学家的小团队，进行着芳香植物的栽培，尤其是还运营着博物馆。这是一次特别的拜访。一个满腹怀疑的女向导不情愿地打开这片荒芜的地方，任由我们走到地窖之中，这里明显几乎没有人来，几个潮湿的房间试图再现四个世纪以来玫瑰在保加利亚的伟大历史。一切都已被彻底废弃——那场景令人心惊：1860 年第一批蒸馏厂的照片集，照片集里一排排小蒸馏器正在木柴火上蒸馏，首批伟大的出口商将它们放置于此，他们为自己的实验室和在维也纳、巴黎或伦敦香水展览会上获得的奖牌自豪。还有一些手写的记录簿，上面标明了 20 世纪之初，山谷中每个村庄的精油产量。我还发现了玫瑰油容器"康姆"（konkum），一直以来保加利亚人在玫瑰精油出口中都使用这种容器，这是一种圆形的扁瓶，最初用铜制成，后来改用锡制，用保加利亚特色的布头和饰带包好，再用蜡封戳密封后交给买家。博物馆展出了一个不同寻常的康姆，其容量为 200 升，这是一件独特的器具，虽然已有五十年未盛放玫瑰油，但它仍有玫瑰的香气。在继续参观的过程中，一段黄金时代的历史显现出来，但如此满布灰尘的呈现方式令人困惑。起初，这位保加利亚向导话很少，待到参观进入第二部分时，她的话就多了起来。这一部分全都有关共和国的光荣，广阔的田地和大拖拉机，采花队，现代化和国营工厂。最后的精彩部分是 20 世纪 70 年代玫瑰节的照片展，尤其是玫瑰皇后的肖像长廊。博物馆里没有陈列此后的展品，仿佛时间也在此停止了。我问到关于如今精油的产量情况，向导的回答既断然又模糊——那时有三个生产玫瑰精油的国企，它们生产世界上最好的精油，因为到那时为止保加利亚人仍是花卉种植和蒸馏方面最优秀的专家。我没忍心问她为何保加利亚的玫瑰从国际市场上和调香师的配方中消失了，被土耳其的精油取而代之。

博物馆中售卖一本小册子，里面解释了香水玫瑰在保加利亚种植的起源和历史，它有助于理解为什么这项延续了几个世纪的传统是国家财富的一部分。在山谷中种植玫瑰的历史可追溯到 17 世纪。对蔷薇水日益增大的需求使得奥斯曼帝国不愿再完全依赖波斯的供应——作为大马士革玫瑰的摇篮，波斯从公元 1000 年起就是蔷薇水的发源之地。在 15 世纪时，苏丹穆拉德三世任命他的园丁发展卡赞勒克特定玫瑰的种植业以供君士坦丁堡的皇宫使用，卡赞勒克位于他所在的埃迪尔内省。对于这座城市来说，这是好运的开端，在近三个世纪中这里都是整个帝国的玫瑰产地。1880 年，当保加利亚重获独立时，当地人民一心希望被认定为现代玫瑰精油的发明者，因为经他们完善的二次蒸馏工艺所制出的精油正是当今调香师们所熟知的宠儿。保加利亚的玫瑰在六十年间享誉国际，直到 20世纪 20 年代，博物馆还在竭力保存这段黄金时代的回忆片段。

卡赞勒克的博物馆讲述了两个故事。一个是过去的光荣世纪的真实故事，在这个世纪里，世界的香水业中只有一种玫瑰，即卡赞勒克山谷的玫瑰。另一个是如今的故事，它尽力遮遮掩掩着自己的没落并因此而动人心弦，而我即将体验到这段没落的历史。

卡赞勒克的破败状况十分惊人。军械库曾是这座城市赖以生存的大军备工厂，但它未从苏联解体中恢复，当时有几百名工人都失去了工作。面对着一排排灰色的建筑、城市周边锈迹斑斑的工厂荒地，以及混凝土建造的大会堂，这座城市的美丽景象所剩无多，唯有几处 19 世纪土耳其式的漂亮房屋——如今已然废弃——还有街道两旁的椴树。六月，椴树的花朵散发出蜜般香甜，也只有此时，人们才会想起这座城市曾经的美好岁月，以及六十年前作为世界玫瑰精油之都的荣光。

我丝毫未忘记在保加利亚最初的几天。保加利亚玫瑰公司的工作人员极力说服我们这些在场的外国人，向我们展现保加利亚精油生产业的繁荣。在一天要结束时的晚宴上，保加利亚玫瑰公司的负责人向我们讲述国际情谊，并慷慨地为友谊举杯。在一片俯瞰山谷的山毛榉林中，坐落着前任高管朱可夫的猎熊寓所。一天晚上，在那里举办的餐后宴会引人入胜。保加利亚人是南部斯拉夫人，是爱饮酒和跳舞的地中海人。随着宴会的进行，约定好的谈话让位于传统歌曲，歌声越来越低沉，我甚至觉得是整个民族在歌唱他们的历史。宾客眼中的泪水并不完全是因拉基亚国酒而流，泪水也诉说着玫瑰人受伤的骄傲以及一种怀念，他们并未亲身经历玫瑰产业的衰落，但却都将它深藏在心中。

保加利亚玫瑰公司的要员始终伴我左右，他一直在评估参观者中谁有买主的潜质。在20世纪90年代中期，精油的生产事实上已停止。蒸馏出的少量精油会被送往索菲亚中央实验室的地窖中，这里是国家的宝库，各个年代的玫瑰精油都存放在这里。

我想去看工厂和田地，这是个有些麻烦的请求，但最终我们还是去了，当然，条件是必须有向导陪同。于是韦塞拉被指派给我，她是个讲法语的年轻工程师，对自己国家的状况心中了然。她在一家精油实验室工作，薪水微薄。她父亲有国外工作许可，因而童年时她在摩洛哥生活了几年。她了解法国，热切希望见证玫瑰的复兴。从保加利亚回来，我坚信应该在那里投资并成为生产者，如果可能的话要成为第一批。然而，一家外国公司来到玫瑰谷，这正是当地的保加利亚人所不愿意的。

我雇用了韦塞拉。她将我引荐给尼古拉，尼古拉是玫瑰种植的农学专家，显然他目前没有工作。尼古拉话不多，但很热情，他用一杯拉基亚酒开启一顿饭，这让他放松，并愿意开始谈论玫瑰，关于玫瑰的一切他都了解：在何处以及如何种植，玫瑰偏好的土壤，适合的朝向，如何根据风向确定一排玫瑰的方位，在组织数百名采集者收集玫瑰花方面他尤其有经验。尼古拉和韦塞拉是理想的搭档。尼古拉是名稀缺的技术员，习惯抱怨且忧心忡忡，韦塞拉是无畏的乐观主义者，她知道如何调动所有人和如何面对逆境。他们青少年时就采集过西红柿、菜椒和玫瑰，玫瑰产业逐渐被放弃，他们的处境因此变得艰难。但是我们三个人合作，开始种植玫瑰，建造蒸馏厂，生产精油。我们是合作伙伴，都有着拯救保加利亚玫瑰的浪漫抱负。

我们的第一场玫瑰"战役"是令人难忘的。在 1995 年，外国人不能购买工厂，甚至也不能创建公司。唯一的办法就是租用一座因缺乏资金而停止运营的国营蒸馏厂。尼古拉替我们出面交涉，只要找到玫瑰花并雇佣一个当地技术团队三周，我们就可以大胆开始我们的蒸馏事业。但我们经常受到种种限制。第一年，警察禁止我进入蒸馏厂，因为我是外国人，他们的理由是保加利亚的技术是独有而秘密的。为了保护这个国家机密，两名警察轮流在门口值守，尽管我与他们建立了真诚的关系，但整个生产过程中，我都被拒在工厂大门外。我们找到的蒸馏厂五年来从未运转。我们需要把工厂里的母鸡赶走，让用作锅炉的古老机车重新开始运行。铜制的蒸馏器倒是完好无损，如今还有一些玫瑰的味道。尼古拉找到了我们可以购买的待收获鲜花，并召集了采摘队，而韦塞拉则说服了几个有经验的蒸馏师来为我们工作。这些人通常是失业的赤贫妇女，她们怀念生产玫瑰的美丽年代，并且凡事都尽力而为。我们成功生产了20 千克精油，这是个意想不到的结果。租用工厂、雇佣工人，一切都是以尼古拉的名义进行的，一切都是保加利亚的。向法国出口精油非常困难，但韦塞拉创造了奇迹。我们成功了，在玫瑰业的小圈子中我们的创举产生了爆炸性的效果。

五年来保加利亚发生了很大的变化，各地都成立了私人集团，这些私人集团很快就将国家出让的一切重新买回。2000 年的一天，我们参观了一家蒸馏厂，它位于一个以茨冈人为主的小村庄中，在卡赞勒克东部流经玫瑰谷的登萨河河畔。这里呈现出保加利亚乡间的极致美景，是农田和森林的天堂，也是鸟类和野生玫瑰犬蔷薇的天堂。工厂当然已经完全废弃了，但仍有 10 个大蒸馏器和一座被樱桃树、核桃树和椴树遮蔽的房子。这里是数百只燕子的家。我们将这个工厂买下并彻底修缮，燕子则继续在这里栖息。每年五月和六月，燕子都会成为玫瑰盛典的一部分。

要让一座蒸馏厂运转，需要花，许多的花——需要至少 3 吨玫瑰才能制作出 1 千克精油，也就是说，需要 100 万朵逐一采摘来的玫瑰。仅仅依赖购买花卉是复杂而冒险的，于是我们种植了 100 多公顷的玫瑰。冬天，需要动员两三百名村民劳作，他们也因有些活干而满意。天气很冷，男人们带着一瓶拉基亚酒，许多上了年纪的女性用锄头辛苦地劳作，将植株覆盖住。年轻人将载重车装满石头。我从未在其他任何地方如此强烈地感受到一个事实：翻土，竟是制作香水的最初一步。我们很冷，劳作的双手在巴尔干的风中冻得通红。我又想起了在岩蔷薇园时难以忍受的热浪，以及为采集无与伦比的香气而辛苦劳作的男男女女。刚刚从土中冒出芽的植物四五个月后就将长满叶子，第二年就开花。这些工人中许多都会回来参与采摘，一些人将负责装填我们厂中的蒸馏器。这些年来国家的补助连同军械库的就业岗位都没有了，在这些远离城市的村庄里，人们在贫困中艰难地生存。采集玫瑰、收获樱桃，所有这些季节性的工作都令人翘首以待。

山谷缓坡上，在我们那片 15—20 公顷的田地里，玫瑰蓬勃地生长着。第一批花朵在第二年盛开，第三年灌木丛就长到了人的高度，很快收获的时节就到来了。我们与收获时的宏大场面一起成为了玫瑰谷伟大历史的一部分。玫瑰谷绵延上百公里，这里土质轻盈、海拔适中，最重要的是气候适宜，得天独厚的条件令其与众不同。谷中的春夜凉爽，保障了湿度和清晨的露水，能够防止花蕾在阳光下过快绽放。

采花一般由田地附近村庄的人负责。许多村庄中都有大量的茨冈人。保加利亚约有 100 万茨冈人，超过了人口总数的 10%，与之相关的话题复杂而敏感。茨冈人往往生活在社会边缘，至于他们究竟是自愿还是被迫边缘化的，这个问题无论是在保加利亚还是在其他地方始终争论不休。保加利亚的大部分人自认为是斯拉夫人，即色雷斯人的后裔，他们不喜欢茨冈人，也不认可茨冈人是保加利亚人。在山谷中，许多茨冈人社群主要依靠采摘和收集来生活——蘑菇、洋甘菊、应季水果，当然还有玫瑰。二十五年前，采摘主要由当地村民完成，尤其是女性，她们被认为是最棒的采摘者。但随着时间的发展，村庄中人口减少，如今主要由茨冈人负责收获。从事这项工作需要早起，从 6 点一直劳作到正午。一个好的采摘工一上午能收集 45 千克玫瑰，装满 3 个袋子，每个袋子中有 5000 朵玫瑰，都是用拇指和食指一朵一朵掐下的。这些男女老少边采摘边聊天或唱歌。一位女性大声唱起了一首凄美的歌。她告诉我她是俄罗斯人，移居到这里，这首关于伏尔加河的歌是她对故乡的怀念。冬天她也在田间劳作但没唱歌，因为太冷了，现在她为玫瑰歌唱。茨冈人以小组为单位采摘，年轻人都兴高采烈、互相逗趣，女孩们把玫瑰花冠戴在头上。在一列列采摘者的尽头，装饰着红色绒球幸运物的小马拉着大车，大车正等待被装满。人们将装满花朵的透明塑料袋放在车上，花朵在慢慢变得温热，它们越快被运到工厂，精油的产量就越高。

尼古拉是田地中出色的组织者，他无处不在，负责管理数百名采摘者，组织团队，分配列队。茨冈人根据每天的情况选择来或不来。当下雨时，所有人都会犹豫：雨天劳作是辛苦的，但潮湿的花朵会更重，薪水最终是按照千克数来结算的。在花期的"高峰"，成千上万的玫瑰在太阳下绽放的景象是独一无二的，但组织采摘却是挑战。从7点开始，花蕾绽放，这里就成为花的海洋，但必须要在傍晚前完成采摘。第二天，未被采摘的玫瑰将褪色，黄色的雄蕊会变成黑色，而且太阳会蒸发掉鲜花的大部分水分。

酬劳每三天会结算一次，每块田地都有称重站，一般人们喜欢将其设立在核桃树下。停在树下的车中有很多现金，秘密武装的警卫曾陪同尼古拉去银行取钱，现在这些警卫就站在稍远的地方。紧张的气氛表现为一片寂静，所有人都在等待轮到自己，人们手中拿着称重票，低声交谈。尼古拉始终盯着快速数着一沓沓钞票的女负责人。

每年5月20日前后，工厂开始生产精油，韦塞拉在蒸馏厂运筹帷幄。她雇佣了一个团队，他们连续三周日夜不停地工作，连睡觉都在工厂里。每场"战役"都是一次新的挑战。我们需要持续地运来花朵，绝不能间断，还要准备好袋子，不能在装填蒸馏器这件事上浪费时间。这几周中气氛热火朝天，工厂是个真正的蜂巢，韦塞拉则是蜂后。这些日子，燕子以一首加速的芭蕾舞曲陪伴着我们，在产量更好的时候，它们则更高兴地叽叽喳喳。一位蒸馏者负责一条生产线，即连接在一根柱子上的 4 个蒸馏器。柱子是生产的核心，由经验丰富的女性负责，她们在国企关闭前掌握了做人的本领。人们从田地开来的卡车上卸货，将袋子堆在每个蒸馏器周围，35 个袋子要被倒空，为下次盛放花朵做准备。经过年轻的茨冈人的操作，花朵被倒入打开的大铜锅中。蒸馏器冒着烟，工厂散发着浓郁的蒸馏后的玫瑰花味，这是花朵和香料气味的混合，如胡椒般强烈。刚制成的精油散发着炽热与生涩的气味，它们要经过几周的静置才能逐渐散去"烧煮感"，继而展现出独特的芬芳。

如果有白天未加工完的花，我们就整日整夜地蒸馏。在这场"战役"中，送来的花非常多，我们要么增加装填量，要么缩短蒸馏时间。这是个艰难的决定，因为这将影响产量和质量。

每天早晨是倾析精油的仪式。蒸馏管线的管道通向一个大容器，即分液器，分液器是香水业的传统设备，通过该设备人们能够收集漂浮在水上的精油。分液器是精油这一宝藏的最终汇集地，它安装在一个孤立的房间中，在操作之时，我和韦塞拉、尼古拉以及蒸馏负责人内莉闭门不出。我们要收集到最近 24 小时蒸馏的精油。

内莉默默地在分液器龙头下放了一个大罐子。蜡封是从 19 世纪沿用至今的保护措施，是为确保流淌的精油不会触及龙头。几分钟后，金色液体出现在容器顶部，并升至玻璃管中。紧张的气氛是可以感知的，从现在开始，一切都很重要：精油的颜色——有绿色光泽的淡黄色，清澈度，当然还有产量。精油开始流淌，它的味道充满了整个房间，强烈且令人晕眩。液体缓缓流入内莉抱着的厚玻璃罐中。没有人愿意改变这一收集形式，因为每天在这里重演的都是保加利亚玫瑰的一部分历史，对所有参与者来说这都是一个给人以强烈情感的时刻，与笼罩在我们周边的气味一样强烈。很久以来，人们面对的都是同样的姿势、同样的仪式、同样的寂静。我们刚刚倾析了 4 升精油，所有人都面露微笑，今天的产量不错。刚刚获得成功的是真正的炼金术，它始于冬日的田间，将泥土变为花朵，经过采摘和蒸馏，最后花朵神秘地变为液体黄金。内莉怀里精油的价值与金条等同。这根金条的"重量"是 400 万朵手工采摘的玫瑰。

经过称重和过滤，新的产品将和其他批次一起放入一个安保措施完善的小房间中。在这场"战役"的尾声，出口的计划是保密的。从索菲亚机场秘密运出 10 千克的铝桶，日期由韦塞拉决定，工厂中的任何人都不知道。黎明，一辆小卡车来装货，两名武装警卫陪同，随后驶向机场方向。在最初的几年，我们面临的风险非常大，以致我们不得不设计"替身"：一辆装着空桶的车先上路，两小时后，另一辆装有珍贵商品的汽车才出发。

六月中旬，"战役"结束了，而在稍向东的地方，薰衣草田开始变蓝。整个团队在天台上庆祝收获的结束，人们吃保加利亚奶酪、树上的樱桃以及隔壁村庄的草莓，在席上推杯换盏，互敬拉基亚酒。尼古拉既疲惫又骄傲，筋疲力尽的他用力吸着烟。已完成采摘的茨冈人坐着大车沿厂区经过，他们大张旗鼓地表示要去河边钓鱼了。这是我们的第十场"战役"，韦塞拉回忆起最初和卡赞勒克警察的周旋，以及自那以后的一切变化。千禧年后，保加利亚的玫瑰再次绽放，山谷各处都有新的玫瑰种植园，以及恢复使用或新建的蒸馏厂。由于欧盟的补贴，大量资金投入其中，新生产者恰如保加利亚的缩影：他们中有借机洗钱的黑手党，有相信能轻松赚钱的房地产开发商，有转向私人领域的前国企成员，也有雄心勃勃的年轻企业家和一些充满热血的保加利亚人。

从这时起，我不再是生产者了，而是成了精油采购商。每次到保加利亚，我都去看看我们的田地，并和韦塞拉、尼古拉一起吃饭。我也拜访了菲利浦，他曾是竞争对手，如今成为我的供应商之一，他是个满怀激情的生产商，是一个家族的继承人——这个家族自身就能代表保加利亚玫瑰的历史。菲利浦家族的公司叫作恩尼奥·邦切夫（Enio Bonchev），于 1909 年创立于一个临近卡赞勒克的小村庄中，当时它是全国最大的公司。为了满足格拉斯调香师日益增长的需求，玫瑰谷围绕一些大公司组织生产，这些公司配有大容量蒸馏器和蒸汽锅炉。恩尼奥·邦切夫曾是这些先驱公司之一，但因为种种原因它很快被废弃，后来却因其田园般的环境而被改造为一家博物馆，从此得救。当我在 1994 年的研讨会上遇见菲利浦和他父亲迪米特的时候，他们刚刚在恢复公司运营的漫长官司中胜诉。当时私营部门还未发展起来，他们是该生产领域唯一的私人代表，国企负责人多用怀疑的眼光看着他们。

我们曾是多年的竞争对手，如今则成为合作伙伴。菲利浦对玫瑰充满热情，他经营的家族企业已成为该行业的领导者。他将铜制蒸馏器保留了下来，工厂的历史也由此保留，这些蒸馏器放置在工厂里的大树下，其中一些树木和工厂一样古老。他的小型博物馆还陈列着辉煌年代的美丽照片，他还保留着那些凉爽的房间，在丰收的日子中，玫瑰花在这些房间中铺开，等待被蒸馏。菲利浦认为他肩负保存玫瑰相关的历史和进行教育的责任。他售卖给游客的，是用漂亮的木质小瓶装盛的两三克纯正的玫瑰精油，对于那些以假乱真泛滥在索菲亚的合成精油，他避之不及。作为世界上新一代崇尚天然制品的生产商，他对鱼目混珠、精油掺假的人深恶痛绝。这是个由来已久的问题，因为毫不夸张地说，玫瑰精油的价值与黄金等同，所以总会有人冒险。早在 1900 年之前，就有人在玫瑰精油中混入便宜的天竺葵精油，当时的报纸报道了在我们的行业中被称作精油"掺假"的丑闻。欺诈一直都存在，且化学的进步使得揭穿造假更为困难。余下的只有一种宝贵的武器：生产商与消费者间的信任。

在玫瑰谷，时间过得很慢，这里的景色在一个世纪中几乎未曾改变。在 19 世纪，几篇欧洲游客的文章记述了他们在经过希普卡山口后发现玫瑰谷时的惊奇和种种情感：在下山的时候，如银丝带一般的登萨河出现了，之后是深绿色的核桃树，嫩绿色的玫瑰花园，最后是采摘者芭蕾般的身姿。韦塞拉和尼古拉在继续种植玫瑰，每次我到访之时我们都会提起曾经的回忆。十五年前，我们在希普卡发现了一块不错的土地，位于卡赞勒克附近一个著名的村庄。1878 年，这里进行了解放保加利亚的最后几场战役，交战双方是占领保加利亚 5 个世纪之久的土耳其人和支持其脱离土耳其的俄国人。1902 年这里建立了一座庄严的东正教教堂，以纪念牺牲的士兵，从教堂可以俯瞰整个平原，顶端的金色葱形圆顶在森林中若隐若现，这是个非常美丽的地方。尼古拉负责耕种这块地方，教堂脚下的几亩玫瑰让我们倍感愉悦。一个冬日的早晨，我们沿着刚插入土中的一排排枝条一起漫步，他突然转向我，带着一种典型的保加利亚式温柔的严肃。他对我说有一个特别的礼物要给我，并从口袋中拿出 4 颗制服上的纽扣。他是在拖拉机经过后打扫土地时找到的，这 4 颗纽扣属于俄国士兵，

120 多年来它们始终在那里静静地等待。

　　一段时间后，在六月初的收获时节，尼古拉和我清晨去参观了这片种植园。这里的景色很壮丽，一个通向山谷的大坡上面布满了粉红色的斑点，花蕾含苞待放。当阳光洒向玫瑰，鸟鸣起初是零散的，之后越来越响亮，最终响彻整片园地。鸟儿们的歌声似乎是对花儿的鼓励，花儿正在绽放的过程中，它们仍然沾满露水，等待着被采摘。这是多么动人的场面，但我竟然一只鸟也没有看到。片刻沉默之后，尼古拉走近我，轻声说："我们听到的不是鸟叫声。是牺牲于此的战士，他们的灵魂在歌唱，为了让我们不要忘记他们。"

雷焦卡拉布里亚的香柠檬

卡拉布里亚的美人

香柠檬是一种鲜为人知的水果，但三百年来，其果皮中可提取的精油俘获了整个制香业的心。香柠檬产自地中海的核心地带，生长于卡拉布里亚海岸，对面便是历史悠久的西西里岛，那是一片三千年前就根植于《荷马史诗》中的土地。

二十多年前，在墨西拿海峡对岸，我第一次见到了卡拉布里亚的香柠檬。那时我13岁的儿子刚刚读完《奥德赛》[1]，他让我想起奥德修斯与卡律布狄斯和斯库拉搏斗的骇人场景，后两者是传说中不可战胜的墨西拿海峡守卫，之所以虚构出这两个怪兽，是为了暗示人们在此航行的危险。我的儿子那时刚刚在射箭锦标赛上获胜，因而对奥德修斯的儿子特勒马科斯非常感兴趣，后者也是一位值得称赞的弓箭手。保加利亚、摩洛哥、马达加斯加，我在这些地方的旅行丰富了儿子的想象。我即将出发去《奥德赛》中的一片高地，这足以让我和儿子有趣事可聊——关于我这位冒险家父亲和《奥德赛》的主人公之间的联系。在现实生活中，这位"奥德修斯父亲"要去商讨关于购买香柠檬和柠檬精油的事宜，并且一周后就会回来。

---

[1]《奥德赛》（*Odyssey*）是古希腊最重要的两部史诗之一（另一部是《伊利亚特》），主要讲述了希腊英雄奥德修斯在特洛伊陷落后返乡的故事，在此过程中他经历了10年的海上历险。奥德修斯返乡过程的其中一道考验是要通过墨西拿海峡，女妖斯库拉（Scylla）守护在墨西拿海峡的一侧，卡律布狄斯（Charybdis）的旋涡在另一侧，奥德修斯听到女神喀耳刻的提示，最终选择了牺牲六名船员以通过该海峡。——译者注

　　在卡拉布里亚，一切都是历史。首先是家族的历史，而这些家族又讲述着香柠檬的历史。雷焦卡拉布里亚市也是卡拉布里亚大区的首府，在 2018 年 2 月的一个早晨，我和詹费兰科一起在雷焦卡拉布里亚的海边空地上散步，他是该地区最重要的柑橘类精油生产商。二十年前我第一次见到他，但那时我答应我的"特勒马科斯"会尽快返回。那时詹费兰科接待了我，而他的父亲忙于严肃而专业地运行工厂。如今，这里的人称呼詹费兰科为"博士"（Dottore），这是出于对他工程师文凭和所获成功的尊重。他是雷焦卡拉布里亚人、意大利人、欧洲人，充满魅力，风度翩翩，才华横溢，能说会道，同时也是一位精明的商人。当然他也属于一个历史悠久的家族，他是家族香柠檬产业中的第四代传人，管理着创建于 1880 年的企业。生意始终在家族手中掌握，发展得风生水起。詹费兰科最大的成就莫过于有一对 30 多岁的年轻双胞胎儿子在身旁：第五代已做好了接班的准备。卡拉布里亚和西西里的大部分生产商都是家族企业，其中一些名字源远流长，根植于悠久的历史之中：卡普亚（Capua）、加托（Gatto）、科莱奥内（Corleone）、米西塔诺（Misitano）、拉菲斯（La Face），这些家族讲述着关于柠檬、橘子、香柠檬，甚至是茉莉的故事。对于天然香料的购买者来说，在收获时节必然会遇到意大利生产商。香柠檬是香料之星，我们总该去探访一番。

　　詹费兰科和我很熟，他法语流利，而且能够随时变身为费里尼电影中的角色。仅仅通过眼神、言语、动作和手势的天才结合，他一下子就能卖出刚刚收获的产品。当我让他讲讲香柠檬时，他总是从 1908 年说起。那一年的 12 月 28 日，雷焦卡拉布里亚和它西西里岛上的邻居墨西拿这两座城市被地震摧毁了，这是欧洲有史以来最严重的地震之一。随后可怕的余震和巨大的海啸造成至少 83000 人遇难，这是个难以想象的数字，这片区域完全被毁坏了。詹费兰科的曾祖父母是企业的创始人，他们在地震中遇难了。这场灾难震惊了当时的整个欧洲，而彼时的欧洲远远不会想到，六年后它会遭遇另一场规模更巨大的悲剧[1]。在雷焦卡拉布里亚，尽管时间在缓慢地流逝，到了一个世纪后，人们对地震发生的日期依然保存着模糊的记忆。海边壮丽的大道延伸向远方，这座城市保留着沉睡的气息，这条大道是震后重建而成的，也是意大利最长的大道。大道两旁的许多巨大榕属植物年龄都已超过 200 岁，它们是海啸中的幸存者。在意大利"长靴"的尽头，雷焦卡拉布里亚依然与墨西拿隔海相望。将这两座城市分开的海峡只有 3 公里宽，但将它们联系在一起的情感却比海峡更深。詹费兰科相信，百年前的巨大灾难将两座

---

[1]　第一次世界大战于 1914 年爆发，萨拉热窝事件引燃了巴尔干半岛的"火药桶"，奥匈帝国、德国、俄国、法国、英国等国家相继投入战争，战火从欧洲蔓延至世界。参战人数约 6500 万人，伤亡人数约 3000 万人，历时 1620 天，波及 30 余个国家。——编者注

城市永远地联系在一起，虽然那场灾难在别处已被遗忘，但却始终根植于这里的家族记忆之中，尤其是他自己的家族。

　　远处，在大道的尽头，被雪覆盖的埃特纳火山好像从海中拔地而起。火山坐落在西西里岛，是在海峡的另一岸，诉说着寂寂无名的海岸与久负盛名的岛屿之间的差异。雷焦卡拉布里亚的经济发展仍十分缓慢，旅游基础设施非常匮乏，它羡慕地看着游船停靠在对面的墨西拿，数千名游客乘船前去领略陶尔米纳的奇观。但若说雷焦卡拉布里亚在沉睡，那也是心安理得地沉睡，因为它知道自己在香水业中是独一无二的。雷焦卡拉布里亚是香柠檬之都。

　　香柠檬的名字因茶饮而广为人知，人们却不甚了解这种近似柠檬、表皮散发出独特香气的水果。清爽而强烈，呈绿色，兼具花香与果香，香柠檬的精油是种宝藏。这种水果产自一种古老的嫁接技术，是将柠檬树嫁接在著名的酸橙之上，酸橙的花瓣能提取出美妙的橙花精油，果实可做成酸橙果酱。香柠檬树看起来既像柠檬树，又像橙树，从12月到次年2月，它会结出不如柠檬鲜艳的淡黄色果实。香柠檬呈圆形或椭圆形，大小、形状不规则，它的汁液发苦，但果皮的香气却很是精妙。当然，这种果实的出现要归功于阿拉伯人对橙子，或者更广泛地说，对柑橘类水果的真正崇拜。如果我们同意中国是橙子的原产地，那么从8世纪至10世纪开始，阿拉伯的征服者一直将酸橙运到西班牙，同时还有各种柠檬和橘子——他们熟练掌握了嫁接技术。嫁接树种的甄选工作首先要关注外观和其带来的愉悦感：花朵的香气，果实的形状，深绿色长青叶颜色的亮度。酸橙一直是符合这些标准的且最受欢迎的树种之一，因为它的花香最为精致，其树木的质朴样子让它既可以种植在宫殿和清真寺的花园中，也可以种植在地中海南部城市的道路两旁。

　　人们都了解将柠檬树的枝条嫁接在酸橙根部的尝试，但嫁接的结果长时间来却不为大众所熟知，可能是因为果实颜色的亮度不够及其苦涩的口感。人们给这个新品种起了个土耳其名字：君主的梨（*Bey armudi*）。18世纪的一个事件是香水业中香柠檬的兴起之源。1709年，一位有才华的意大利人乔瓦尼·保罗·费弥尼调出了"神奇之水"[1]（Aqua mirabilis），之后让·玛利亚·法里纳继承了其配方，并调配出了自己的古龙水，由此开启了一段异常成功的历史，3个世纪后的今天这种香气依然热度不减。古龙水的出现掀起了一场革命，被看作现代香水业的诞生。芳香植物精油与酒精的巧妙混合开启了清新香调的潮流，并让用于梳妆的香水流行开来。拿破仑对古龙水情有独钟，他的部队使之风靡四方。在古龙水的核心

---

[1] 意大利人乔瓦尼·保罗·费弥尼（Giovanni Paolo Feminis）用苦橙花油、香柠檬油、甜橙油等18种植物精粹，调制出了一种备受欢迎的香水——"神奇之水"。为了纪念自己的第二故乡科隆，费弥尼将"神奇之水"命名为"科隆水"（Eau de Cologhe），即今天俗称的"古龙水"——史上第一瓶古龙水由此诞生。费弥尼去世后，才华横溢的让·玛利亚·法里纳继承了古龙水的配方，并将它带到了浪漫之都巴黎。——编者注

配方中，除了普罗旺斯的精油，如百里香、迷迭香，尤其是薰衣草精油之外，香柠檬精油是最闪亮的明星。在古龙水中，香柠檬精油第一次超越了自身香调的丰富性，增强了其他精油特性。古龙水的成功使香柠檬的需求不断增加。

在卡拉布里亚，有记载的香柠檬种植最早可追溯至 1750 年。从那时起，香柠檬的种植就局限在一片狭长的海滨地带——从雷焦卡拉布里亚稍向北的地方到爱奥尼亚海同纬度的海滨之间。除了这片弧形地带之外，历史上的香柠檬似乎不愿在别的地方生长。西西里岛是柠檬之乡，但香柠檬在那里长得却并不好。无论在科特迪瓦，还是阿根廷，试图开发其他产地的尝试都未成功，尤其是从产出的香柠檬的质量上看。可以说香柠檬几乎是卡拉布里亚独有的，为此，这片土地满怀骄傲，并积极筹划着未来。

从香柠檬和酸橙开始，意大利南部的柑橘类水果在 1850 年经历了惊人的奇遇。如今的人们已经忘记了 1830 年的一项重大发现——那一年人们发现维生素可以对抗夺走许多船员生命的坏血病。这项发现改变了全世界水手的命运，并使海上贸易获得新的发展。当时对柠檬的需求量非常大，尤其是美国船舰，因而西西里岛这片理想的种植地在二十年间完全种满了柠檬树。除了售卖新鲜的果实，当地还发展出用于香水业的柠檬果皮精油制造业。从 1850 年开始，在近一个世纪中，就如同格拉斯一样，意大利南部经历了一个柑橘精油的黄金时代。

卡拉布里亚人喜欢讲述这段历史，也喜欢讲述在一个多世纪中，人们如何通过海绵和竹子手工生产全部的香柠檬精油。工人坐在一堆切好的水果前面，在大盆上固定一段竹子，用竹子摩擦半个香柠檬的果皮，让汁液流出。在另一只手中，工人拿着一块可以吸收液体的大海绵，在果皮上按压海绵以收集汁液。在如今的工厂中，一些老人们依然掌握着这项古老的技术。他们其中的一个人建议我进行尝试。我的手指沾满果汁，拿着海绵，专心致志不浪费一点汁液，我学着旁边工人的样子，做起了他们习以为常的工作，果皮的芳香直冲鼻腔。应该到詹费兰科那里去看看那些世纪之初的照片，50 个男人和 50 个女人面对面坐在一个大货棚中摩擦果皮，用海绵吸饱汁液，再将这些珍贵的绿色液体挤出来。一切都是那么的整齐划一，好像是福特汽车的装配线一样。一场技术革命将逐渐改变事物的发展轨迹。在 19 世纪中期，尼古拉·巴里拉发明了一种将水果磨碎的机器，人们给了它一个美丽的卡拉布里亚名字：卡拉布莱斯（calabraise）。卡拉布莱斯因其生铁的锉刀而显得锃光瓦亮，其精巧的结构和栗木的盒子使它逐渐成为生产精油的理想工具，并且在两次世界大战期间满足了不断增长的精油需求。詹费兰科提到这个时代时很清醒，但也有些怀旧，他笑着说："你知道，卡拉布里亚曾是香水业的一个主要生产中心。除了香柠檬和橘子，我们还有许多茉莉，质量也非常好。虽然格拉斯已经放弃使用橙花制作橙花精油了，但我们依然坚持着。可我们从中获得的好处却是变得更穷了！"如今一切都变了。人们不再制作橙花精油，茉莉也只有一块面积不大的种植地，这还是另一名精油生产商乔治出于对父亲的回忆，不惜一切代价保留下的，家族永远是重要的。意大利南部保留着柠檬、橘子、酸橙和血橙，当然还有香柠檬精油的生产，但面对着南美和美国的柑橘业巨头，保住这些产业已经是一个挑战了。

橙子、柠檬、青柠、葡萄柚：柑橘类精油是香料和香水业使用的首要天然原料。甜橙精油是橙汁生产中的副产品，它部分产自美国的佛罗里达州，主要产自巴西，巴西的甜橙精油显然是占龙头地位的。水果在被榨取果汁后，果皮会被刺戳或蒸馏以提取精油。卡拉布里亚独有的精油与这些精油的产量毫无可比性。那些数百万公顷的橙子种植园每年能生产 5 万吨精油，是卡拉布里亚香柠檬精油产量的 500 倍！就柠檬来说，占领世界市场的是阿根廷，而西西里岛的精油则形成了利基市场[1]，以质量求生存。在柑橘类水果中，竞争无处不在：墨西哥、南非、土耳其、印度、中国，全世界都想要新鲜水果并种起了果树。卡拉布里亚人詹费兰科密切关注着这一切，他深入研究调研，但拒绝了在拉丁美洲种植的机会。他坚信西

---

[1]　指在较大的细分市场中具有相似需求的一小群顾客所占有的市场，即高度专门化的需求市场。——编者注

西里岛和卡拉布里亚的产品具有坚持下去和不断发展的一切优势，因为成功的关键是质量、创新和奢华。"巴西人制造橙汁的副产品，我做香水。"在他口中，这并不是心血来潮。"我们有出色的水果、有着悠久种植历史的土地和卓越的技术，并且世界上最好的调香师也在帮助我们进步。每年冬天，他们都会前来感受新鲜收获的香柠檬和橘子的清香，只要闻一闻就知道这些水果是独一无二的。"

十多年来，我们见证了意大利精油令人瞩目的回归。面对制香业对香柠檬的巨大需求量，我们动员了许多卡拉布里亚和西西里岛的生产商加入香柠檬的生产行列中来。如今，这一举措收效显著。借助尖端的仪器，这些生产者能够更加精细地蒸馏自己的产品，以服务各类客户——从苏打水公司到奢侈品牌的调香师。曾经关于香柠檬有众多负面报道，如今是时候重新给予香柠檬买家信心了。曾经其数量不稳定，价格亦然，品质也有待提高，它们通常是人工调配的混合品，距离纯净的精油产品越来越远，这种平庸精油的普及削弱了人们对香柠檬的喜爱。但是，在发展种植的农夫和注重品质的生产者共同努力之下，该产业开始重新征服顾客，这令从业者们重焕笑容。

季末，我们去圣卡罗周围看看收成，这是一座位于海岸凹进处的小村庄，在半岛的最南端。我们一离开雷焦卡拉布里亚的城市地区，目之所及到处都是柑橘果园，果园因其绝对多样性而引人入胜，就和这个国家一样。在高速公路下面的房屋庭院中，是成片的柠檬树、小橘子园，以及香柠檬，其中有各种大小的香柠檬，庭院中的树木或年轻或年老，要么低矮且整齐，要么长势过高——庭院主人年事已高，不能再修剪树木了。我们沿着小路向上走，穿过村庄，遇到了拉着水果的车。田边有许多箱黄色小球，香柠檬的采摘和收集工作是以家庭为单位或是在一个团队的支持下进行的，团队可能由卡拉布里亚人组成也可能由移民组成，要看情况。采摘完毕后要开车到 40 公里外的工厂送货。这里的一切都是地中海式的，晾在窗户上的衣服，顺着坡地向上延展、止于附近的山旁的田地，芥末花的黄点，湛蓝天空下叶子耀眼的绿色。我用指甲刮了一下水果，果皮立刻散发出绿色、清新、馥郁且诱人的香调：将香柠檬拿到鼻子旁，就再也无法拿开了。

圣卡罗的大部分农民都是联合会（Consortio）的成员，联合会是 20 世纪 30 年代末创立的大型合作社，旨在重新恢复香柠檬的生产。合作社幸存了下来，在詹费兰科的推动下，它成为产业复兴的主要动力之一。1200 公顷的香柠檬正在结果，如今它们的利润十分诱人，因而人们统计发现新增长的种植面积超过了 400 公顷。

詹费兰科的工厂离雷焦卡拉布里亚非常近，建在联合会的旧址之上，第二次世界大战前，联合会的精油仍是手工生产的。如今在这些大棚屋中，大量香柠檬被传送带慢慢送至不锈钢机器中，这些机器有着神秘的名字：剥皮机（pellatrice）、精油萃取机（sfuma-trice）。果实被刺戳、刮擦、剖开、压榨，果汁和精油被分离。第一批精油首先经离心分离以去除水分，之后进行澄清，最后是过滤。香柠檬精油呈柔和的绿色，香气充盈着实验室。每个批次的精油会先进行分析，再与之前的批次混合。詹多梅尼科和罗科是詹费兰科的双胞胎儿子，也是这家工厂的第五代传人，他们带我参观了工厂的新变化。他们从父亲那里继承了魅力与激情。我们谈论到产品的可追溯性、安全性、技术进步，这些是如今该行业的术语。他们加大了投资并使工厂实现了现代化。他们自豪地向我展示全新的离心机，它闪闪发亮，效率是他们父亲安装的机器的 5 倍。如今为了让产量翻倍，工厂面积急需扩大，他们计划搬到一个有海景的新址。

美丽怡人的风景、闻名遐迩的精油、才华横溢的生产商，这些都吸引着游客。传统上，行业内的买家来到卡拉布里亚，与詹费兰科和他的竞争者商谈交易事宜。近几年来，渴望看到美丽景象的调香师、市场负责人和媒体记者也蜂拥而来。行业的透明度和规范化也吸引着对可持续发展感兴趣的人。

回到雷焦卡拉布里亚，在海边古老的"马赛克式"果园散步之后，我们开始与詹费兰科和他的一个儿子讨论采购事宜。我们就香柠檬及其精油达成一致意见，但关于柠檬和柠檬精油的争论较为激烈。他们父子极力说服我未来出产的精油质量出众。买家专心致志地聆听，旁观者也被吸引了。他们两个人都在说话，越说越兴奋，为了更让我相信他们的说法，甚至开始辩论了起来。我们闻水果、刮水果、看分析报告，他们时而站起来，时而又重新坐下，动作都相互呼应。一个是农民，另一个是化学家，两人都满怀热情，能言善道，对我来说他们是古龙水伟大历史真正的继承者。我即将带着样品再次出发，一切都进展顺利。

那天晚上，詹费兰科和我乘渡轮到海峡对岸的陶尔米纳去吃晚饭。他向我介绍墨西拿海峡大桥的项目，我们提到了荷马和《奥德赛》。二十年前，我向奥德修斯的"战场"致敬后才离开这地中海的中心。为了看看锡拉村庄上面的峭壁，我去了墨西拿海峡的入口，就在雷焦卡拉布里亚的北部，我觉得它自从以可怖的形象出现在《奥德赛》中之后就未曾改变。那里的峭壁之上有住着 12 个头的怪兽的洞穴。奥德修斯在锡拉遇到卡律布狄斯，其实是荷马巧妙地将海边居民和水手总是会遇到的真实磨难转变成了神话。这条海峡如此窄又如此深，航行者在西西里岛一侧一直要面临旋涡的危险，在锡拉前面则要面临汹涌的海流。

从地图上看，用一座桥将卡拉布里亚和西西里岛相连是个很吸引人的想法，但长久以来，这个计划的反对者和支持者一样多。一个建造吊桥的庞大计划问世了，鉴于此处的海水深不见底，吊桥是唯一可行的技术手段。桥的跨度超过 3 公里，它将是世界上最长的悬索桥面。十年前，这座桥差一点就建成了，但之后因资金和政治原因被搁置了——詹费兰科向我如此解释，同时还发出一声意味深长的叹息。

在没有大桥相连的海峡两岸，西西里岛人和卡拉布里亚人既是竞争对手又团结一致。柠檬和香柠檬在轮渡上相遇，工厂中切削机和压榨机在两岸同时转动。在卡拉布里亚的一侧，人们想继续种植、采摘、压榨香柠檬。就在这里，不去别处。雷焦卡拉布里亚将保留它的榕属植物、它的历史和它的果园，它相信在墨西拿登陆的游客中，会有越来越多的人想要横渡到对岸，来发现美丽的卡拉布里亚。

从雷焦卡拉布里亚横渡到墨西拿的短暂旅途中，我体会到一种神奇又复杂的感觉。乘风破浪的奥德修斯，1908 年的地震，香柠檬的海绵工坊——这是几段历史画面的碰撞，而詹费兰科是这些历史的守护者和讲述者。面对这个以香柠檬为业的人，我想象着这座桥，它摆脱了荷马笔下的怪物，终于超越了伤痛将两座城市连接在一起，实现了曾许下的承诺，让居民、果园和他们的水果在共同的未来里相互靠近。

大师与白花

从格拉斯到埃及的茉莉

"我想做世界上最好的天然产品，为此我需要行业中最好的采香者，也就是你"，2009 年的一天，雅克这样对我说，他直视着我的眼睛，目光既直率又迷人。他提议让我加入他的香水制作大公司，他在公司中也是调香师。我在朗德省工作已超过二十年，但我只用了不到 10 分钟就知道自己会接受他的邀请。他是行业里的明星，他的头衔就是一张颇有威信的名片，这些头衔在香水配方行业也属于凤毛麟角。其中有一个头衔奖励的是在诸如三宅一生、让-保罗·高缇耶和斯特拉·麦卡特尼的香水品牌中，个人职业生涯的成就斐然。调香师是精制香水业中的贵族，他们中的一些人创造了二三十年间最著名的香水。这是一种交织了艺术、工匠精神和辛勤劳动的职业，而他们位于这种职业的顶峰。这是个需要灵感、非理性、激情和一丝魔力的职业。我与雅克相识已有十年，作为精油的生产者和购买商，我尽力向他推荐我从最好的渠道找到的产品。机会难得，必须要牢牢抓住并令人信服。他很快就能发现最完美的样品，判断精准，评论掷地有声，他一直在寻找能为自己所用的气味。他热情而充满好奇，常让我讲述我的旅行，听的时候还时不时会说："我一定要去看看！"他喜欢关于香料源头的故事，我们相处得很愉快。他是天然产品的狂热爱好者，凭着他的名声和光环，他争取到了他的公司在格拉斯创新实验室的工作，格拉斯是他的家乡。我们一起工作了三年有余，有时我们出发去探寻他喜爱的产品源头。他对茉莉花有种特殊的兴趣，于是我们开始追随茉莉花的足迹，这对我来说是一场伟大的启蒙之旅。跟着一种天然产品来到工厂里、田地中，追溯到采摘工人的双手上，见证一位伟大调香师的情感和抉择，这些独特的经历形成了我职业的意义。我边听他讲着茉莉花的故事边触摸、采摘、轻嗅着茉莉花，我陷入了他的迷恋、回忆，甚至是偏见，见证了为抵达调香配方的秘密花园，他所走过的道路。

对我来说，茉莉花的味道象征着绝对美丽中的某种秩序。花香在到达大脑时会即刻引发一种幸福感。茉莉花令人沉醉且出神，它既熟悉又遥远，撩拨着我们的心弦，唤起了地中海花园的甜美，其中还混合着醉人的、几乎像动物气息的异国风情。长时间以来，茉莉花在香水业中的地位与格拉斯息息相关，格拉斯想成为世界茉莉花之都。背靠普罗旺斯薰衣草浓郁的蓝紫色，格拉斯俯瞰着地中海，田野中的茉莉花呈现出脆弱的白色。

卡布里位于比格拉斯和戛纳海拔更高的地方，是个奢华的观景台，天气晴朗时可以看到科西嘉岛。雅克的房子和他的根都在卡布里，这是他的原点。他家世代居住于此，他的曾祖父曾是市长，他的祖父和父亲也曾从事香水行业。

2010 年夏天，我们在他的花园中散步时，他向我展示他在橄榄树间种的玫瑰和晚香玉，旁边还有一列薰衣草和一排整齐的茉莉花。他摘下几朵茉莉花，花朵有 5 片花瓣，呈美丽而娇弱的白色星形，他将它们放在手心里，而后移到鼻子下，闭上眼睛。沉默片刻之后，他让我闻闻这些茉莉花，并轻柔地对我说："陪你寻找那些异国的茉莉花令人愉悦。但你知道，别的地方的茉莉花都没有这里的好闻，这里的茉莉花是无与伦比的。"他眯起眼睛，以他孩童般的微笑看着我："你来感受一下这香气，如此浓郁、如此深邃、又如此丰富！它既有植物绿色清新的一面，也有动物野性原始的一面，简直是神奇的平衡。除此之外，在调香配方中加入茉莉花，还能让其他天然香料的气味得到升华。"对于雅克来说，茉莉花象征着格拉斯在香水业至高无上的地位。那个下午，他把我带进他的世界，一个混合了家族文化和个人经验的世界。他讲述这个故事时仿佛亲历了这一个多世纪一样。在谈到茉莉花时，他满怀敬仰和感恩地讲到他的家庭，与我分享他的故事与情感。

大花茉莉（*Jasminum grandiflorum*），也被叫作素馨花或西班牙茉莉，来自印度北部，17 世纪 50 年代，阿拉伯人将其带到了西班牙、意大利和法国。整个地中海盆地都接纳了大花茉莉，它在格拉斯也迅速风靡，17 世纪，格拉斯已有 15 公顷的大花茉莉花园。1860 年，各大香水公司开始在殖民地拓展业务，与此同时，在法国国内连接戛纳和格拉斯的锡亚涅运河建成，该运河使灌溉数百公顷的土地成为可能，茉莉花种植业开始崛起。1900 年收获了 200 吨花朵，1905 年是 600 吨，1930 年达到 1800 吨的高峰，这是个惊人的数量。在 7 月至 10 月的收获时节，一支五六千名采摘者的队伍每人每天采摘 2 万朵花。这项工作每天凌晨四五点就开始了，因为花朵在夜间绽开，最好的茉莉要在见到太阳前采摘。这是一项类似当时乡下农活的工作，十分艰辛但有时也很快乐，就如一位女采摘工所说："收获常常是意大利人的事。来自卡拉布里亚的家庭以及孩子们，他们当然也要劳作。他们被安置在小棚屋中，农民给他们送菜。在茉莉花丛中气氛十分欢快：女采摘工唱着歌，你呼我应，有时能听到独唱或是二重唱。意大利人很有活力，我们很喜欢他们。"[1]

茉莉花无法蒸馏，其精油产量很低，它独特的香气要通过一种"提取"的方式获得。长久以来，这是通过一种叫脂吸法（enfleur-age）的古老工艺实现的。在玻璃板上涂一层油脂，将花朵放于其上，之后静置一两天，直到油脂吸饱香气。之后将油脂层刮下并用酒精清洗，最后得到一种叫作净油（absolue）的提炼物。这些精细的工作由数百名女工来完成，她们在工厂中被看作是"贵族"。

茉莉花净油很快就成为香水业的关键产品，这是一种嗅觉上的盛宴，直到 20 世纪 50 年代，人们对茉莉花净油的需求一直在增

[1]　Simone Righetti, *Souvenirs*, 2005 年 9 月。

长。19 世纪末，油脂被更有效的溶剂所代替，如苯或己烷，这种方法如今被广泛应用于生产茉莉花的提取物。

如今的制香方法已没有了脂吸法的魔力和美感，一想起这种古老的方法，雅克就兴奋起来："那是件奇妙的事情，我真想再做一次。应该保留这个理念并将其现代化。"

茉莉花的历史与格拉斯香水业的历史密不可分。1930 年创纪录的丰收标志着香水业天然产品的巅峰。本土企业实力雄厚，知名度高，它们在城市周边和整个区域广泛发展花卉种植。开花的橘子树覆盖了远至旺斯和卢河畔勒巴山丘的梯田，在上普罗旺斯，许多工厂主都纷纷建立了大型薰衣草蒸馏厂。在这两个世纪的传奇中，橙花、玫瑰、薰衣草和茉莉花是主角。19 世纪下半叶，香水业有了新的发展：几家企业随着法国军队出征殖民，试图在生产原材料的地方建厂，尤其是在热带地区。茉莉花正是这场冒险的一部分，随着殖民地的扩张，他们把茉莉花带到离格拉斯很远的地方，首先向南，之后向东。

希里斯公司（Chiris）在这段历史中写下了最著名的一笔。在七十年时间里，莱昂·希里斯和他的儿子乔治在全世界建立了一个由卖家、工厂和文化组成的网络，其影响格外深远。他们的事业所涉及的地域范围令人震惊：阿尔及利亚布法里克的大型种植园和萃取工厂，圭亚那、刚果、马达加斯加、科摩罗和印度支那地区的生产基地，意大利北部、卡拉布里亚、保加利亚，以及远至中国的工厂。希里斯对香料、精油和香脂有一种渴求，他可能是第一个意识到去香料产地收集、种植和蒸馏对香水的重要性的人。蔷薇木、依兰、香根草、安息香、天竺葵、香草、柠檬草、麝香，所有的香料都汇集在格拉斯。自 20 世纪 30 年代起，卡拉布里亚、摩洛哥和阿尔及利亚都种植并蒸馏茉莉花，对于其原产地来说是种意义非凡的补充。但如今，摩洛哥只有几公顷的种植面积，卡拉布里亚只剩一块茉莉花田地，阿尔及利亚的生产也在 20 世纪 70 年代末销声匿迹了。这种神圣的白花去了更远的地方，首先去了埃及，三十年后是印度。

《格拉斯香水业的黄金时代》[1] 是本引人入胜的书，该书以照片的形式还原了一些希里斯公司的传奇记忆。其中一些照片给人更多的感觉是灰尘和汗水，而不是香水，就像其中一张照片所展现的，几个刚果工人用轿子抬着一位戴着殖民者头盔的工头在柠檬草种植园中走动，残酷地展示了殖民世界的真实面目。

在 1931 年的殖民博览会上，一些国家元首接见了乔治·希里斯，他受到了最高层政客的支持，是个枭雄。

1929 年的经济危机、第二次世界大战和法国殖民帝国崩溃

---

[1]　*L'Âge d'or de la parfumerie à Grasse*, Éliane Perrin, Édisud, 1987.

这三重影响对格拉斯造成了致命的打击，当地的制香产业从未真正恢复。

我在埃及和印度的种植园和作坊中发现了茉莉花，还在当地购买了雅克在配方中会使用的香脂。某年9月，我们一起去了尼罗河三角洲，到地中海的尽头去"拜访"茉莉花。

赛义德是埃及三大茉莉花生产商之一。这位机械工程师成熟稳重、眼神热烈，他也是开罗大学的教授，对祖国的历史和未来充满激情。他热情且腼腆，坚定而充满好奇，赛义德和雅克有许多共同点。他们都个性鲜明，这位生产者和雅克曾在格拉斯见过面，他们相互欣赏，赛义德还让我说服雅克来看望他。

在埃及，经过此前的几次尝试，第一家本土萃取工厂在1950年前后投入运营。但到了1963年，随着纳赛尔的改革[1]，国有化和土地改革让国家重组了种植园的业务范围，工厂也停止了运作。1970年出现了新的转机，赛义德的父亲被鼓励投资一家工厂并种植茉莉花。他参与了国家的复兴，参与了一场声势浩大的运动，即调动埃及的可出口产品，以作为交换货币换取苏联提供的武器。茉莉花浸膏与家具和当地的鞋子一起，构成了一场希望渺茫且令人震惊

[1] 1962年，纳赛尔明确提出在埃及建立"阿拉伯社会主义"的政治主张，他认为只有社会主义才能使国家革新，经济独立。此后，埃及进行了一系列改革。——译者注

的交易：用鲜花换武器！这些交换是所有非法买卖的源头，茉莉花甚至被拿去给劣质的苏联香皂增香，导致许多真正优质的茉莉花被浪费了。三十年后，这件事依然会被埃及人拿来调侃打趣：苏联人当时是否意识到这种香皂其实是种不合时宜的奢侈品呢？

在三角洲的中心，距开罗 3 个小时车程的地方，乡村的地形异常平坦开阔，村庄中一直有未完工的砖瓦房，周边被田地和运河包围着，这是尼罗河的馈赠。到处都是农民，男人穿白衣，女人全部都穿彩色衣服，成群的孩子或是陪着父母到田里干活儿，或是在凹凸不平的荒地上踢球。有些球吹满了气，有些都已经破破烂烂了，由破布做成，甚至是用打结的塑料袋做成，在每一片人口密集的土地上，都有孩子们踢球的身影。从马达加斯加到危地马拉，从海地到摩洛哥，在每一个贫穷的国家，孩子们都是这样开心地嬉笑玩耍。

黄色的谷物茎秆与黑色的土地形成鲜明对比。在众多天竺葵和橙树种植园的环抱中，有一条两旁种满棕榈树的小路。沿着小路前进，我们就来到了赛义德的农场。农场的中心是一栋红色的大房子，在它的露台上可以俯瞰所有的种植园。茉莉花田的灌木丛是个奇迹，它十分繁茂，完全长满了花朵。尼罗河水及阳光使这片土地传奇般地肥沃，并带来了惊人的结果：硕大的花朵，每公顷创纪录的产量，以及十分美丽的产物——一种充满阳光、带有果香、深沉、贪婪、几乎是性感的净油。早上 9 点，天气已经很热了，几十名年龄各异的女性采摘者已经劳作了 4 个小时，她们开始将篮子送去过秤。雅克这位著名调香师要来参观的消息很快就传遍农场，工人们显然都兴奋了起来。赛义德既种植又萃取天竺葵和堇菜叶，他也开始蒸馏橙花精油——酸橙花瓣制成的精油。雅克想观看生产过程，想闻到一切，也想了解采摘花朵的时间对茉莉花净油品质的影响。雅克在格拉斯领导着一个团队，他想通过此行为团队制订一个工作计划，目的是发现新的思路以丰富调香师的调香板。在一大片田地的边缘处，我们像王子一样坐在花朵称重秤旁漂亮的柳条扶手椅上。雅克看着所有的篮子，他把头探过去，女人们都笑了。称重秤前等待的队伍呈现出一派喜气洋洋、热闹非凡的景象，女人们的服装颜色各异，篮子中装满了茉莉花。赛义德大声说着指令，他是种植园的法老。令人上瘾的白花产生效果了，雅克着迷不已、热情洋溢，他沉思片刻后对我这样说道："你知道吗，茉莉花、天竺葵、橘树、堇菜叶，埃及就是五十年前的格拉斯。也许我们应该考虑在这里建一个农场……"

晚上回到开罗后，赛义德邀请我们在尼罗河边共享水烟。在烟雾的芳香中，他直言不讳地分析了青年人教育中的巨大挑战，埃及错失的经济和政治机会，以及由一位法老来领导这个国家的必要性。他的许多想法都与欧洲人普遍的想法和推论相反，但他并不缺乏论据。我喜欢他的智慧和坦诚，想到这里我又吸了一口水烟。

　　经过三天的相处，我们开始谈论未来和长期的合作伙伴关系。在这几小时中，我们这几个格拉斯人变成了"埃及人"。我问雅克："那么雅克，真正的茉莉花是在你那里，还是在埃及？"雅克假装对我的问题感到惊讶，他说道："当然两个都是了！一个精致，一个野性。这是一种微妙的结合，但只要我们知道如何经营，这种结合就能产生美妙而独特的成果！"

　　在我们离开之前，赛义德问我关于印度茉莉花产量的问题，印度是另一个茉莉花生产大国，一个令人生畏的竞争对手。我理解他的担忧。他经历了印度人加入生产行列的过程，见证了他们的香脂的进步，印度带来的竞争越来越激烈。埃及和印度，虽说它们的茉莉花品质不同，产量现在却是相当，大多数买家都从这两个国家进货。我不忍心告诉他我将要去印度，因为我计划和一位印度合作伙伴共同完成一个项目。这不会威胁到我们与赛义德的生意，但可能使我们在印度的发展成为优先事项。评判同一种花卉香脂在生产国间的优劣从来都不是一件容易的事。理性应该战胜感性，这是自然，但在天然原料上，决定和策略背后的制定者始终是人。

　　雅克没有时间张罗在埃及建立一家农场，也没有时间陪我去印度。在我们的行程结束几个月后，他就离开了我们的公司，加入了世界顶级奢侈品集团。他掩饰不住自己的骄傲，告诉我集团接待他时说了这样的话，"我们想做世界上最好的香水，因此我们需要最好的调香师——就是你!"我本该能毫不费力地猜到这句话的。

这些话三年前曾说服了我……我们两个人都笑了,即便这次的场景完全不同!雅克是天然原料的坚定捍卫者,他支持发展简约而卓越的香水业,他将能用最完美的原料完全自由地创造了。我们又将在不同的公司中工作了,但这并不会影响我们再相见。他仍需要我陪他去寻找香水的源头,我们将继续共同的旅程。

婚姻与母象

印度的茉莉

马杜赖位于印度南部的泰米尔纳德邦，是全国花卉种植之都。我每次来这里都会去米纳克希神庙[1]，让守护此地的母象用它的长鼻抚摸我的头部。雌象的祝福温暖而湿润，它的身上绘有图画并装点了花朵，接受祝福时应该许个愿。2011 年冬天，在靠近母象马拉奇时，我知道了我的愿望是什么：这个国家用大量花朵来庆祝结合，在这里我想促成茉莉花种植者和公司之间的合作。在这里，我将与拉贾和瓦桑特这两位天才企业家保持长期合作关系。

米纳克希神庙是印度最著名的庙宇之一，是一座城中之城，在这座庙宇中，我喜欢赤脚漫步在暖暖的石板上，总是被欢腾而虔诚的人群所感染。到处都是花，在摆满颜色和大小各异花环的货摊上，在朝圣者的脖子上，在焚烧着印度香（agarbattis）——一种棒状香的祭坛之上。整座庙宇仿佛是一座巨大的迷宫，深刻地浸润于泰米尔的文化之中，这里就像一个蚁穴，每天成千上万的人往来于这雕塑石廊的迷宫中，在金色的柱子或封存在土地上的一根树枝前冥想，这根树枝是一棵檀木神圣的遗骸，而这棵檀木可以追溯至庙宇建立之时。在庙宇的中心，端坐着一尊真人大小的米纳克希雕像，由一整块绿宝石雕刻而成，只有印度教徒才能看到。

在南印度的"花卉带"上，数百个村庄种植着鲜花，它们在数

---

[1] 米纳克希神庙坐落于印度泰米尔纳德邦，是南印度最负盛名的庙宇，庙宇内供奉着米纳克希女神和她丈夫湿婆神。——译者注

十个市场上售卖，被编织成花环并出口到亚洲各处。泰米尔纳德邦的花中皇后是茉莉花。不是格拉斯或埃及的茉莉花，而是一种热带的茉莉花，即阿拉伯茉莉（*Jasminum sambac*）。阿拉伯茉莉在当地种植已超过 2000 年，对印度南部的人来说，它已成为标志性的花卉，在日常生活中随处可见。它是女性每日插在头发上的花，是人们挂在象头神迦尼萨（Ganesha）旁、挂在汽车后视镜上的花，是人们在每座庙宇的祭品中都能找到的花。阿拉伯茉莉还是印度节日中壮丽花环上的主角，被视为姻缘之花。它比大花茉莉更有热带风情，肉质感更强，且不像大花茉莉那般脆弱。它的气味浓重、甜蜜，有果酱或糖果气息的一面，动物性较弱。

若想到马杜赖周围乡村的田地中参观收获的场景，黎明时分就要离开城市。小路穿过村庄，路上既有砖坯，也有刷成各种靛蓝色的屋子，人们根据家庭情况稀释刷墙的石灰乳。每个村庄都专门种植一种花。一些村庄种康乃馨，另一些种晚香玉，但阿拉伯茉莉各处都有种植。即便花卉种植使这些村庄在印度变得颇为重要，但它们仍非常贫困：当地没有厕所，只能通过水泵供水，奶牛和山羊很瘦弱，到处都是孩子。这个印度乡村风光清丽，长了白色、橘黄色或红色花朵的小块田地和种了各种绿色蔬菜的小块土地交替出现，与橘黄色的土壤形成鲜明的对比。一位缠着腰布、戴着头巾的老人和他那两头拉着木犁的牛一起劳作，木犁上没有金属犁铧。法国人使用木犁可以追溯到什么时候呢？在这里，木犁在准备播种花种，花种成长为花朵最终进入香水中。表面看来，没有人比这位农夫距离香水小瓶更遥远了，但他却在不知不觉中为香水的制造做出了贡献。

年龄各异的妇女在各处收集花蕾，她们身穿鲜艳的纱丽，十分漂亮，头发上戴着阿拉伯茉莉的花环。24 小时后花朵才会盛开，在这期间是运输和议价的时间。妇女们穿行在一排排花朵中，几个男人陪着她们，孩子们去学校了。从上午开始，花朵被运往市场，最早的一批将卖出最好的价钱。马杜赖的大市场仍保留着传统风格，其中还有十几家小商店。鲜花从这里被发送到国内各大城市，或者被输送到国外，远至迪拜和新加坡，甚至欧洲。在一批批花朵周围，在花环货摊前，交易十分活跃，货摊上的印度花环（garland）是多色花朵巧妙编织成的颈饰，其中一些很重，人们甚至难以将其戴到脖子上。男人们蹲在商店中串花，将每朵花用一根线扎上，之后连接在一起，速度和灵活性异常出色。花环是一种色彩的游戏，晚香玉和阿拉伯茉莉花的白色与菊花和康乃馨的黄色或橙色相结合，鸡冠或玫瑰的红与印蒿的淡绿相结合，印蒿是一种当地蒿属植物，气味很好闻。市场中的味道很浓烈：食物在大车上烧煮，花朵残屑在发酵，臭水洼，上百辆摩托车的尾气……这些色彩与植物的喧嚣和狂热似乎与香水相距甚远。然而，调香师对阿拉伯茉莉的需求却在不断增加。令人垂涎的白花香调使人愉悦，与传统的茉莉花形成了竞争。

大花茉莉多产于地中海地区，长期以来，在印度它的种植十分受限，在市场上的需求也小于阿拉伯茉莉，因为它的花朵更轻、更脆弱，不太适宜做花环。20 世纪 70 年代末情况变了，当时香水行业发现在印度种植并萃取这种标志性的茉莉成本更低。印度用了不到二十年就赶上了埃及，成为大花茉莉的生产大国。

在 2011 年来此地时，我认识拉贾和瓦桑特已经十五年了，他们创立的公司在业内已很好地立足，在茉莉花和印度花朵的萃取方面是佼佼者。在 20 世纪 90 年代初，当他们的家庭继承了一家作为债务偿还的花卉萃取工厂时，这两个来自金奈——原名马德拉斯——的表兄弟还在英国和美国留学。一夜之间，甚至没有考虑的时间，他们就成了世界香水业的茉莉花生产商。这家企业变成了一个成功的故事，拉贾倾注了他的商业才能和威望，瓦桑特贡献了他的金融和战略意识。在让印度茉莉花于国际市场上赢得可信度方面，他们的公司发挥了重要作用，在印度他们耐心地发展了两家美丽的工厂，一家在哥印拜陀，属于西班牙茉莉产区，另一家在马杜赖附近，地处阿拉伯茉莉产区的中心。在几年中，拉贾和瓦桑特赢得了业界的好评：尊重农民并精于花艺，产品质量优良，在一个并不总是能给予买家信心的国家，他们代表着创新和可信。

我于 2009 年加入瑞士芬美意公司，一个世纪以来，该公司的声誉建立在化学和创新芳香分子之上，这与花田和蒸馏的业务相隔甚远。在雅克的鼓励下，芬美意购买了一家格拉斯的公司，并开始进入天然原料的世界，同时寻找新的发展策略。我受雇于上一家公司时主要负责天然原料，我一到来，这家公司的工作人员就询问我推荐何种形式的投资。我主张探索建立一种联合模式，与世界上最佳的精油和香脂生产商联合。我方公司的入股将为合作伙伴带去技术和资金支持、长期的采购，以及创新合作。我的第一个建议就是投资拉贾和瓦桑特的公司。他们的香薰产品资源丰富，两位合作伙伴也坦诚可靠，这使得印度成为我们首次尝试联合的候选国。

我没有预料到接下来的困难。在公司内部，大家关于这一合作能否成功持有不同意见。还要说服拉贾和瓦桑特下定决心，这场错综复杂的结合对他们来说既充满吸引力，又令人担忧。瓦桑特知道，签署了这一协议，他的公司会发展得更快，但两兄弟也表示担心公司被吞并。面对怀疑和沉默，需要几个相信该项目的同事和我一起促成这场合作。

经过三年的协商，公司老板帕特里克·芬美意愿意给双方一个合作机会，尽管这两家公司规模相差甚远，但它们在一些地方是相似的，且有着共同的价值观。我对帕特里克、拉贾和瓦桑特在日内瓦的会谈记忆犹新，那是 2014 年，我们刚刚签署完合作协议，在走上共同道路的时刻，交流中的言语和情感中的赞美都是真情流露。我对这次联合深感愉悦，我在其中看到了原材料行业未来的发展模式：一家大香水公司认可了田间工作者和精油蒸馏者的重要性。

2014 年秋天，我来到马杜赖参观今后我们将共同发展的事业，同时这也是一种庆祝。如今，拉贾和瓦桑特公司的两种茉莉已成为市场上印度茉莉的典范了。在哥印拜陀，公司的大花茉莉来源于一个由 1000 名小农组成的生产网络，他们专为公司种植茉莉。在马杜赖，花市上的阿拉伯茉莉都是在一天结束时才会被买走，因为花朵已过分绽开，因而价格有所下降。婚礼用花比香水用花更昂贵，但萃取工坊的需求保障了农民的销路。在工厂里，傍晚时分，拉贾、瓦桑特和我静静地看着铺在大块水泥板上厚厚的阿拉伯茉莉，这些花是美丽的例证，它们见证了他们的成功以及我们之间的美好合作。花朵在采摘过后 12 小时几乎全部绽开，然后就可以在这个每日开工且昼夜不停的车间中进行处理了。我们一起享受着合作成功的喜悦。每位来客首次到访时都会种下一棵树，访客们的场地参观流程总是包括向这些树木致敬的环节。在 2014 年的这一天，我所种下的树已有 10 年树龄了。那是一棵老鸦烟筒花，因长满芳香的白色花朵而又被称为"树茉莉"。在我定期的到访中，它已成为标志和陪伴。傍晚时分，拉贾陪我去了米纳克希神庙，他知道我一心想要去探访母象马拉奇。我走近马拉奇，看着它的眼睛，它点了点美丽的头，轻轻地晃动耳朵，我被寺庙的香气所萦绕，走向前去寻求象鼻的爱抚。它的象鼻停留的时间比平时更长一些，似乎在告诉我它知道我的心愿实现了。

越来越多的调香师被这个国家、被美丽的花朵，以及我们的合作关系所吸引，前来拜访拉贾。拉贾了解香水世界，从纽约到巴黎，他的个人魅力和精明强干吸引着顾客。这些年来，他俨然已成为香水小世界里的"明星"。他有耐心、有信念且优雅从容，他和他的表兄代表着印度新一代的企业家，他们才华横溢，完全融入了西方世界却未丢掉自身根基。

阿拉伯茉莉的香脂一直是印度的专利，但后来中国展示出的本土茉莉香脂样品震撼了整个香水界。最初的样品质量较差，但很快质量优良的样品就出现了。拉贾知道这件事，也对我说起过。雅克离职两年后，我们还是会定期见面。他始终追求新的原料，经常向我打听关于埃及或印度茉莉花的消息。我给他看了中国的阿拉伯茉莉香脂，他觉得其品质非常好并悄悄对我说："我们一起去走走吧？"于是两个月后我们就去了中国南方，到了广西的深处。

中国的阿拉伯茉莉的种植中心是广西横县，距离广西桂林有一天的车程。继穿过尼罗河三角洲之后，雅克和我又来到了另一片茉莉花田，周边立着高压电缆，视野中有一个废弃的工厂，这是中国乡村常见的景象。我经常来中国，这里有香水业所追寻的重要精油，如桉树或天竺葵。这几百家农村蒸馏厂和其中的操作人员总是给我一种冷漠之感，仿佛在此地工作是没有找到更好的工作之前的权宜之计，他们的最终目的是到城市里工作。传统尚未引起重视，以前人们为国家工作，现在为老板工作。精心打理的梯田上有大片种植园，中国的阿拉伯茉莉的主要用途是为了给茶叶增香。因为品质优良，中国著名的茉莉花茶正是用了这些田地里的花而充满芳香，这是个重要的市场，也解释了为何这片种植园打理得如此精心。一小队采摘工一言不发，手脚麻利地开始工作，他们头戴竹笠，身背花袋。雅克正在与一名女采摘者进行深入交谈，她身穿蓝色外套，戴一顶大帽子，面部长满皱纹，是中国南方人的典型长相。我知道他们在讨论掐花技术，格拉斯与此地相距甚远，但雅克却好像在自己家中。与印度的阿拉伯茉莉一样，农民种的花卉进入市场后首先会被茶叶生产商买走。在茶叶生产商的工厂中，在大棚下，人们将厚厚一层绿茶或红茶铺开，周围是一圈鲜花。这种几何图案的布置令人想起某种仪式。茶的黑色与花的白色相对比，空气中弥漫着两种强烈的味道，它们在混合之前是如此截然不同。与茶搅拌在一起一两天后，花朵就会因这种基础但高效的脂吸法而渐渐散发香气。剩余的花朵会再经过挑选而回收，但它们已经失去了一大部分香气。

我们在横县的东道主是杰克，他是我在当地的供应商。杰克乐天随和，是葡萄酒爱好者，他很开心我们来访，并觉得我同伴的到来事出有因。杰克和雅克一拍即合，在吃饭时，我开心地看着法国调香师细心地赞美杯中不断倒满的中国红酒。除了红酒，雅克喜欢的就是阿拉伯茉莉浸膏了，而且与拉贾的浸膏相比，他更偏爱杰克的。长期以来，人们认为中国的茉莉产品不好，因为生产商使用的是已经制作过茶叶的花朵，但自杰克开始用鲜花制作浸膏，其产品质量分毫不差。在横县的花卉市场中，我们漫步于大量的白色花堆之间，那是阿拉伯茉莉的花蕾或玉兰花精美的花冠——玉兰花是另一种有名的本地花卉。我们买了一袋阿拉伯茉莉进行试验：将花蕾铺在酒店的房间中，让它们在晚间绽开，清晨闻一闻花朵绽开后的花香。我伴随着清新而甜美的香气入睡了。第二天早晨，雅克在离开酒店时闻到了花香，并低声说道："与花蕾的味道完全不一样。太美丽了。"在白天和夜晚之间，茉莉花周围总是会发生一些变化，它喜欢在黎明前悄悄绽放，并随着太阳的出现完全盛开。

在我们的中国之行结束两年后，雅克的新系列产品出现在他品牌的店铺中。这是一款充满自然气息的香水，香水中天然原料的使用量远超一般限度。在一系列美好的香料中，他加入了埃及茉莉和中国茉莉，同时他信守了使用格拉斯茉莉的承诺。如今格拉斯每年收获的茉莉为 20 多吨，勉强超过 1930 年收获量的 1%，但是一段时间以来，人们开始重新种植玫瑰和茉莉，这象征着香水之都的复兴及花朵重新受到恩宠。最负盛名的品牌又一次关注这片土地非凡的历史，并致力于在香水配方，特别是品牌推广中加入格拉斯原料的元素，不论这一切是真正被付诸实践，还是仅仅出于象征意义，格拉斯的历史都回归到了现实之中。

长时间以来，雅克一直将格拉斯花卉奉为正统，但他知道这里的茉莉花比埃及和印度贵了40倍。他坚信格拉斯茉莉花的未来将依赖于新的萃取工艺，以求更真实地展现灌木丛中花朵盛开的味道，这种味道可以称得上是无与伦比的。我们已经开始研究新工艺了，他说我们会得到一种世界上独一无二的产品。值得注意的是，调香师和他们的品牌想要再度使用格拉斯的茉莉了。这是令人惊讶的，因为这绝对将使香脂的价格远超出平常。那么，想要在原料上追求不凡的香水业从业者还存在吗？许多调香师都想要实现梦想，但是香水业只为他们中的极少数人提供了实现这一梦想的手段。然而，这一梦想是种需求，这是香水的本质。

精致花香的周围散布着创作的奥秘。当我们在茉莉花丛中散步时，我观察了雅克很久。他有一种自发而充满理性的热情，对一种香气的迷恋背后还隐藏着另一种迷恋。他毫无保留地与赛义德、杰克和我分享他的想法，但我明白，其中一些话是他说给自己听的，就像拼图的各个板块一样，只有调香大师才能了解自己创作中的奥秘。一股特殊的茉莉花香在他的脑海中能唤起约 12 种其他的天然原料，之后他开始在头脑中将它们组合起来。他曾向我倾诉："小时候我们周围还有很多茉莉花田，和所有格拉斯人一样，我喜欢在早晚闻到风带来的香气。小时候，我喜欢在父亲的工厂中采几朵花，他回家后会和我一起闻花香，晚上把它们放在我的枕头下面。我很清楚地记得那种味道。那是我调香师训练的开端——让情绪去感受花香，并将这种感受保留在记忆中。之后，要学会将情绪归类，每种原料都有它的情绪。创造就是情绪的集合。"我喜欢跟随雅克进行嗅觉的漫游，这是一场从他童年枕头下的花朵开始的旅行。当雅克自由发挥他的幽默感时，一种小男孩般的笑容使他的面部明亮起来。同样是这个小男孩，他将父亲的话带入睡梦，将茉莉花香带进梦境，梦境之中是一个香水大师的国度。

先驱与采脂工

老挝的安息香

"罗克先生，请您务必到老挝来一趟。我保证向您展示的东西会令您满意的。"于是 2005 年，应弗朗西斯的要求，我第一次踏足这个国家，在那里我将见到菲昂迪（Phiengdi）村庄的安息香采脂工。

那天晚上，我被带进了一间又大又暗的房间，屋里仅存的光亮来自三个昏暗的灯泡和一块土板上的火光，用来生火的土板嵌在地板上。老挝北部的村民在家中的正房里生火做饭，他们的房子是木制的：地板、墙壁和天花板都是由大块古旧的木板制成。房间里烟气升起，熏黑了几十个挂在架子上形状、大小各异的篮子。三十多个孩子在最后面坐了下来，他们沉默不语，但他们很高兴能参加这场即将开始的欢迎仪式。村里的一大部分人都聚在一起欢迎弗朗西斯，十年来他一直在购买这些家庭生产的安息香，也是他让我发现了菲昂迪，这是他合作的第一个村庄。

这场传统的欢迎仪式也是为了庆祝我的到来，在那些年中，人们几乎从未在当地见过西方游客。弗朗西斯并不知道，所有村民已经准备了一年多，他们将送他一份礼物：一栋房子，一栋属于他的房子。我丝毫未忘记他那一晚激动的心情，这是一份非同寻常的礼物，此后他就是他们中的一员了。

十五年前，为了将他对农林业的想法和信念付诸实践，这位法国农学家来到老挝生活。在老挝北部，他一直致力于恢复和保护一种濒临灭绝的伟大物产——安息香，它是香水业中的传统树脂，从一种名为越南安息香（*Styrax tonkinensis*）的树上收集而来。为了帮助当地的贫困社区，弗朗西斯运用了产业中的创新思维、采取了开创性的行动，并与外界的冷漠和误解进行顽强斗争。在这个相当封闭的国家中，他成功创立了自己的企业。他领先行业十五年，早就明白在我们的行业与种植者的关系中，联结和道德是至关重要的，种植者是香水产业链中的第一环，也是最重要的一环，但也通常是被忽视的一环。在老挝的热带雨林中，他与安息香采脂工并肩劳作，默默无闻地为香水业奉献良多。他热情、慷慨、魅力十足，是个特别的人。

　　对我来说，在到达北部的村庄之前，安息香之旅开始于万象的"洞穴"之中。早在 2005 年，万象还不具备首都的气派，湄公河两岸是栽满高大柚木的大道，路上车辆稀少。在市中心，弗朗西斯占了一个类似车库的地方，他住在车库上面的一个小公寓中。他的居所就像阿里巴巴的洞穴，里面装满了木块、老挝森林中各种原料的样品、多年来收集的安息香样品和数量惊人的老挝农村物品——饭篮或鱼篮，猎人的弓和箭筒，20 世纪称鸦片用的几套砝码。这位业余人种学家将一切都保留着，他甚至还有几十瓶各个年份的米酒。我们参观了这个"仓库博物馆"，里面气味浓郁，是蜡和木头混合的味道，掺杂着甜美、贪婪、木质的香草味安息香。弗朗西斯的

"洞穴"让我想起 20 世纪 50 年代的氛围，想到儿时屋子的阁楼，那里堆满物品，散发着过去特殊的味道，这种味道在我们的记忆中保留了很久。首都中殖民时期的建筑进一步增强了时间的缓慢感。这场旅程在动身去菲昂迪之前就已经开始了。

前往华潘省及目的地的村庄需要两天时间，在这两天中，弗朗西斯向我介绍了老挝过去三十年的历史，以及这个"万象之国"的风景和日常生活。这个国家非常吸引人，也很平静。老挝与越南之间以长山山脉相隔，老挝是平静的，而它的邻居却是忙碌的。在越南，房屋直接建在平地上，人们用筷子吃米饭；老挝的房屋则建在柱基上，人们吃糯米饭时将其在手中揉成一团，就像吃面包一样塞进嘴里。这两种文化截然不同。西部的泰国在文化上与老挝更接近，但与老挝相比，泰国是地区经济巨头，老挝长期以来则"半睡不醒"。

我们在弗朗西斯的皮卡货箱里喝了一杯速溶咖啡，仿佛一种仪式，之后我们就早早出发了。景色很快就被高山填满，陡峭高耸的山峰上覆盖着森林，峡谷深深，流水潺潺，稻田无处不在。一群村民在沿着公路行走，他们背着采集到的成果、竹子、母鸡、在市场上买到的物品、五金杂件和田间会用到的工具。在一个村庄的十字路口有一个法国战后样式的界碑，根据界碑上的标识，向左是丰沙里和中国方向，向右是华潘和越南方向，丰沙里和华潘是历史上老挝北部两个产安息香的大省。这村庄是个重要的交易市场，也是卡车司机的休息点。弗朗西斯也习惯在此停留，他喜欢喝辣汤、吃烧烤，烤的主要是一些用大网捕到的候鸟。在市场上，他对每一株植物、每一种产品都了如指掌，并坚持让我品尝一切。在肉摊前，他看着售卖的脑、脚、内脏和血制品，犹豫了很久，最终买了 10 千克左右的牛肉。这些牛肉将是明天我们送给村民的礼物，这些肉足够在迎接我们的欢迎仪式上食用了，这种仪式在当地叫作"巴奇"（baci）。在卖工具的货摊旁，弗朗西斯仔细研究着一切可以用来切割的工具，评估手柄的质量及刀片的锋利程度。他问了卖家几个问题，之后转向了我，手里拿着一把砍刀，向我示意道："这个刀片是用炸弹中的钢铁锻造的。"我很震惊，于是他开始向我讲述。

　　在反对法国殖民统治的十年战争中[1]，老挝被 800 万吨炸弹轰炸，是第二次世界大战轰炸总量的 4 倍，老挝由此成为历史上被轰炸最多的国家。整个战争期间，美国人曾在秘密行动中对老挝进行持续轰炸，其打击目标是著名的胡志明小道，这条小道是为给越南南部的越共游击队进行补给而修建的，大部分位于老挝的山脉之中。

　　多数老挝人都属于巴特寮的社会主义阵营并支持北越人，但赫

[1]　此处指 1946—1954 年的第一次印度支那战争，即越南、老挝、柬埔寨反对法国恢复殖民统治，争取民族独立的解放战争。——译者注

蒙族除外，他们是北部的少数民族，以贩卖鸦片为生，1975 年他们以 30 万人流亡为代价换取与美国结盟。

在 2005 年，我们越向北走，轰炸的痕迹就越明显。许多村庄入口处的地面都插着炸弹，这些惊人的"战利品"指向天空，在太阳下闪闪发光。战后找到的弹药数量巨大，以至全国范围内都发展了回收这种钢材的手工业，在二十年间钢材一直供应于各种工具的刀片制作。

在这次旅行中，我被老挝北部迷人的美景所震撼，这些盖满木制房屋并被稻田包围的村庄呈现一派和谐的景象。女性身着靛蓝色的传统绣花裙子，她们羞涩地微笑着，展示自己的织品，孩子们则和水牛一起去田里了。在这种环境下，炸弹和战争显得格格不入，但这不过是三十年前的事情。我们在桑怒过夜，这里是这个东北省份的中心，也是历史上两大安息香产区之一。在第二天去菲昂迪的路上，弗朗西斯对所有的村庄都很熟悉，我们经常停下来，他向我介绍他的收购人，他公司的仓库，我们用当地农家人自饮的米酒碰杯。弗朗西斯让年长者讲述自己的生活，他们不大愿意谈论战争，却很乐意谈论安息香。在三四代人中，所有人都当过采脂工。弗朗西斯走进房子，向忙着编织的女人们打招呼，她们坐在地上，在柱基撑起的房子的楼板下面忙活。他让她们展示自己织的作品，他总是会买一些织品，还向我解释——卖给桑怒市场上的商人，她们赚不了几个钱。人们向他微笑，他用了十年时间，终于成为他们中的一员。

弗朗西斯是法国夏朗德人，农学专业毕业，以人种学家为志业，他的职业生涯开始于联合国粮农组织。多年来，他一直致力于东非的养殖问题研究，在不同国家测试方案和项目。1989 年，他被派往老挝执行任务，清点森林中除了木料外其他所有有价值的原料，他发现了安息香及其悠长的历史。

这是种古老的物产，因"暹罗安息香"的商业名称而出名。它的名字源于阿拉伯语"Luban Jawi"，即来自爪哇的香料，因为还有另一种产于苏门答腊的安息香。很久以前，暹罗安息香就因其医用价值而闻名，主要用于熏蒸疗法和香脂制作。

在路易十四的宫廷中，人们在手掌上涂抹安息香脂，又在脸上涂抹一种染色液，这种液体是安息香树胶在酒精中溶化后的产物。安息香柔和、温暖、有香草的味道，它已成为经典香料，当调香师想展现龙涎香的香调时，安息香就是他们的最爱。大部分基调为香草的香水中都有安息香，包括一些最著名的香水，如娇兰的"满堂红"（Habit Rouge）或圣罗兰的"奥飘茗"（Opium）。

弗朗西斯对这个任务充满热情。安息香事实上全部产自老挝北部，这是个闭塞且贫穷的地区，弗朗西斯做了份报告并提了一些建议，但很快他就意识到所做的这一切并不会有什么结果。于是，他与妻子达成一致，做出了人生中的一个重要决定：从联合国粮农组织辞职，到老挝创建一家公司。只身前往一个封闭的国家，这看起来就是纯粹的疯狂。但弗朗西斯经过了深思熟虑。他发现安息香产业正在快速地走下坡路，因为村民放弃了安息香树木的种植，安息香的收成不固定，都被周边国家的采购者以低价购买，从边境走私出国，从不缴税。

关于技术模式，弗朗西斯心中已有想法：要将安息香树的种植、养护和收割纳入旱稻种植的传统周期之中，旱稻是北部森林地区的生存根基。他不知道这需要二十年的证明和坚持，才能让农学家和当地政府明白山里人采用农林复合系统的合理性。在 1992 年成立公司之时，他已经明确了未来的主要挑战。他首先要推广一种种植模式，并向村民保证以有吸引力的价格收购他们的成果，以此赢得村民的信任。他还要坚持不懈地反对走私，如今他提起这种非正式贸易时眼中依旧充满了怒火。当然，他还得让老挝当局接受一个外国人在敏感地区走动，以发展私人企业。

几年间，弗朗西斯彻底改变了安息香的供应链。他走村串户推广他的模式。他建了数公顷的苗圃，分发了数千株树苗，挑选了若干收购人并预付了资金，让他们把预付款付给采脂工。他在各省的中心地带设立了收购点，印制了小册子来解释种植安息香树的周期和方法。他信守了承诺，即使在没有需要时也向采脂工购买安息香，自己扮演着行业调节者的角色。他大范围推广农林复合系统，让多次受骗的村民重拾了信心，负责任的乡村发展模式还未流行前，他就投入精力和自己的资金推动乡村发展。他最早明白要了解生产天然原料社群，智慧、诚信和深思熟虑是必不可少的。

他到达老挝后，当局终于允许他走动时，他才意识到要前往老挝北部的偏远村庄是多么困难。桥梁坍塌，道路被雨水冲毁，只能乘独木舟前往西北的安息香产区。他经常搭乘军事车队进入偏远村庄。在汽车出故障时，他整日步行赶路，吃饭和睡觉只能随便凑合。一天早上，他错过了本该为他节省三天路程的军用直升机，但几个小时后，他得知飞机在森林里坠毁了。他毅然决然地开始了收购和销售安息香的事业，在这个行业中他不认识任何人，但他却敲开了大门，而我们就是这样相遇的。

弗朗西斯性格刻板，有时过于敏感，他与香水行业的关系最初十分别扭。香水业的公司习惯从经纪人手中购买诸如安息香的天然树胶或树脂，尤其是从德国人那里购买，因为几十年来德国人专门从事这项贸易。但弗朗西斯对公司与经纪人交流中的信息缺乏感到震惊，他震惊于大公司没有好奇精神，震惊于他们不愿意长期参与到合同中，以及面对弗朗西斯的承诺和激情时，他们的无动于衷。我太爱安息香树了，所以愿意聆听他的历程。我听着他讲述他的愿景和项目、村庄和采脂工，对他的行为敬佩不已。他开始来参加香水行业的会议，手中拿着文件夹，步伐像夏朗德的农民一样，但他并不是。他愿意挑战那些过于自信的买家，后者欠妥之处就在于出价过低。他寻找合适的往来对象，尤其是对采脂工感兴趣的合作者。于是我们相遇了。

当我们到达菲昂迪时，村里所有的孩子都围着弗朗西斯的车。"坎炳是我的第一位买家，"他边说边向我介绍村长，"我们一起建了一个苗圃，他马上就明白了我想做什么。"这个村庄是世界尽头的一颗明珠。30间房屋紧密排列在一条小路两旁，俯瞰着陡峭的山谷，山腹的尽头是一条小河。村民们安装了几台越南的小型涡轮机，其螺旋桨产生的电流刚好可以点亮几十个灯泡。

欢迎仪式，即传统的巴奇，在坎炳和梅-伊拜夫妇的家中举行，他们的房子是村里最大的。梅-伊拜是彭米的女儿，彭米是村庄的建立者，是一位阅历丰富的长者，1991年，正是他带着弗朗西斯首次见识了安息香脂。弗朗西斯这个法国人花了两年时间才从当局那里获得许可，他可以乘坐苏联军车进入这个佬族和朋族的少数民族居住区，彭米向他展示了他的第一批"安息香树"（aliboufiers à benjoin），"安息香"这个美丽的名字是法国植物学家所起。弗朗西斯向我讲述了他与彭米初次寻访安息香的经历，他们步行了几小时后最终到达挂满凝固树脂的树木前。"在我看来，树上布满了丰富的渗出物，这些树脂仿佛是因一种伟大的情感而流露出来"，他回忆说。在我们的欢迎仪式上，坎炳先行致辞，然后，他正式向弗朗西斯宣布，送给弗朗西斯的房子已经建好了，他们将房子送给了他，今晚我们将睡在那里。弗朗西斯的喉咙像打结似的说不出话，但他的眼睛却闪烁着光。村庄接纳了他，这是一件很难得的事，他知道这有多么荣幸，他声音颤抖，用老挝语进行回应。之后，孩子们在我们的手腕上系上小棉绳——各种颜色棉线编成的幸运符，孩子们低着头，口中念念有词。罐子游戏的时间到了。我们要回应兴致勃勃的村民邀请，进行一系列的游戏对决：用一根插入大罐子里的长竹竿吮吸发酵米酒，看谁喝得多。酒精度数不是很高，但我不想让村民们失望，所以喝了相当多，最后头昏脑涨。我们大饱口福，吃了很多烤牛肉、鸡蛋、汤还有饭。最后大家都唱了起来，梅-伊拜用浑厚的声音唱出了一些歌段，孩子们也齐声歌唱，旋律在强烈的节拍和低吟中起伏，歌曲回溯着村庄的历史，也表达着对未来的祝愿。弗朗西斯翻译着歌词大意，歌曲的最后是希望弗朗西斯能在新家尽量多待些时间。轮到我了，酒精已经产生了效果，《清澈之泉》（A la claire fontaine）是我想到的第一首歌。全场鸦雀无声，孩子们张大了嘴，也许是被这首法国老歌的异域情调所震撼。这是个热闹的时刻……村民的温柔宽厚融合在庄重而轻松的仪式中，我从未有过类似的感受。深夜，当所有人都离开后，坎炳陪我们来到附近的新居，房子建在山谷对面的柱基上，之后他就离开了，留下我们两个人。房间里还没有家具，我们就睡在新主人房间地板的席子上。我们只有一床被子，而且在老挝北部的高山上，2月还非常寒冷。但不管怎样，我获得了一难忘的经历，并且我非常高兴。

这场仪式也让我了解了村庄、祖先和森林的精神。我现在在这里也有一席之地，并且可以参加社区活动了。我们在坎炳家吃早饭，围着火堆，我学会了如何揉米饭团，米是从一个小桶状的美丽竹盒中拿出的一把，这种竹盒是老挝最常见的东西。梅-伊拜煎了鸡蛋，还弄了一些从竹子中收集的白色大幼虫。弗朗西斯观察着我，他喜欢用难为人的食物来考验客人。我就着一口米饭将幼虫咽了下去，算不上好吃，却也不难吃，就是那种不想知其来历的食物。之后，我们就踏上去往采集安息香的小路。坎炳走在最前面，后面跟着两个赤脚的采脂工。在村庄的高处，视线所及之处是被茂密森林覆盖的山坡，山坡上冒出几座高大的山峰，似乎不可逾越。弗朗西斯告诉我，那块高地是神圣的，没有人会在那里砍伐任何树木，人们到那里去只是为了向树木表示敬意。萨满教在这些社群中非常普遍，在这里，人与森林的关系至关重要。树是保护者、滋养者，是神圣的。

到达森林边缘时，我们的向导都噤声了。我们只能听到树叶被风吹动的声音，鸟儿似乎也很尊重这片寂静。我突然觉得向着安息

香的行进不再仅仅是寻找原料之旅了。自我接受了巴奇的洗礼，对
我来说这里发生的一切似乎都是一种无声而微妙的启蒙，我任由自
己随之前行，这次旅程是弗朗西斯给我的礼物，能让我明白他为什
么选择将自己的一生奉献给这些村庄。我们走了两个小时，最终到
达一块种满安息香树的小高地，途中几次遇到一些年轻女孩，头上
顶着装满玉米的篮子。随着树龄的增长，安息香树会愈加高大，但
为了使其产量丰富，一到 7 岁它就会被采割。这些树集中种植在被
弗朗西斯称为"烧垦区"的地方，早先，园主放火烧光了山丘上的
植被，在开垦出的土地上种植水稻，后来才种下了这些树。安息香
的周期从 11 月开始，采脂工切割并剥开几块树皮，但并不将树皮
扯下，以此创造一个天然口袋来收集树脂。人们让树脂渗出三个月
的时间，在此期间，氧化后的液体会变硬并形成团状，最终形成人
们所需的固化浆液。采割工作在我们到达前一个月就开始了，弗朗
西斯曾答应可以让我参与其中。一位采脂工准备爬树，他砍了一段
竹子和一根藤蔓，正好可以将与树干相连的那块青木做成梯子的横
档，并在上面作业。他斜挎着一个大篮子，手拿刮刀，在每个口袋
处停下，小心地剥离那些团状物体。新鲜的安息香为白色，几乎没
有氧化着色。但随着时间的推移，固化浆液会变黄，之后变成近似
棕色的橘黄色。树干上约有 15 个切痕，最高的切痕在 10 米高处，
采脂工收集了切痕周边的一切，不让树上有任何残留。对于所有采

脂工来说，真正的本领是如何在不榨干树木、不使树木枯萎的情况下最大程度地将其利用。采脂工邀请我爬上树，为了让竹竿立住，他将藤蔓绑在竹竿上的速度之快令人震惊。我收集了一个口袋，鼻子几乎贴在了树干上，新鲜安息香的香气令我陶醉，那是香草、木香以及粉香的混合，有时还混有花香。

两位采脂工采收了这片空地上的20多棵树，装满一大袋，足有15千克，在我看来这是几小时工作后不小的战利品。回到村庄后，我们将收获物摊在坎炳家的地板上，安息香的味道盖过了炉火的气味。这些小块被称作固化浆液，它们大小不一，很多还粘着树皮碎片。弗朗西斯向我解释说所有这些固化浆液都会根据贸易情况被划分为不同等级。坎炳为我们的成果称重，并将其放入他的袋子里。在两个月的收获季里，他将向采脂工购买他们所有的产品，送到弗朗西斯在桑怒的仓库中。多亏了弗朗西斯的预付金，坎炳收集了好几个村庄的安息香，并将其全部运走，最后得到了一笔佣金。弗朗西斯的安息香生产网络覆盖了整个北部地区，这些收成最终都汇集在万象，数十名妇女按等级或大小对固化浆液进行分类，最大的是质量最好的。然后他会把货物运送给所有客户，包括我的公司，我们剩下要做的就是把固化浆液在酒精中溶化以生产出香脂，即香水配方中所需的成分。不可能有更便捷直接的生产链了。

在回万象的路上，弗朗西斯告诉我，在殖民时代，生产区域也大致与如今相同。在当时的东京[1]，25 千克的安息香先是由人力搬运，之后由竹筏运至北部名城琅勃拉邦。东部各省则组成牛车车队将其运往万象。在那里，安息香又被卖给了中国商人，随后被运到河内、西贡或曼谷。在近三个月的旅程后，曼谷成为安息香装船的主要港口。

　　这一切都已很遥远，但对于弗朗西斯来说，整个过程仍十分复杂："在这里，我是客人。在税收规则和制度方面我应做到绝对无可指摘。信心是慢慢积累，但失信却只是一朝一夕的事情。很多欧洲人都忘记了这一点……多年来我的一举一动都被人们看在眼里，现在政府和部长们都很重视我、支持我。目前最大的问题是走私。我是唯一一个缴纳收集安息香的营业税以及所有省税和出口税的人。大家都知道走私贩是如何做的，他们骑摩托车去那些村子里，用现金购买安息香，出价刚好高于我的预付款。当局是知道这些情况的，但行政部门却因为腐败而无所作为，并从中渔利……"

　　我多次回来看望弗朗西斯。每一次，我都能发现他的新成果、新项目、在其他安息香产区建立的新仓库以及不同的产品。现在他

---

[1]　1428 年，越南黎朝开国君主黎利建立黎朝，定都东都（今河内，古称"升龙"，1397 年起称为"东都"），三年后将东都改称为"东京"。1831 年阮朝明命帝在此定都，见城市环抱于红河大堤之内，遂改称"河内"。但西方仍然保持了对越南南北地区的传统称呼：北方为东京、南方为交趾。于是，从法属印度支那时代起，"东京"（Tonkin）成为以河内为中心的越南北部地区的代称。——译者注

售卖一种顺化产的皇家桂皮，这曾经是一种皇帝专享的树皮，弗朗西斯在偏僻的寺庙中找到了这种古老的桂皮树并将其从遗忘中拯救出来。他还推荐了当地的红姜和森林中野生蜂群产的蜂蜡，后者是一种独特的蜂蜡，其气味浓厚，有烟熏味和动物的气息，是一个新的发现。他与隐藏在乡间的小型传统沉香木蒸馏厂合作，并对沉香树这种在老挝非常普遍的神秘树木充满激情，甚至买下了一棵百年老树，用栅栏将其围起以保证它不被砍伐，让它变得神圣不可侵犯。弗朗西斯有自己的萨满教实践。

2017 年我最后一次去看望他时，他刚经历了艰难的两年——没能躲过湄公河洪水和其他气象灾难，但在这个正在经历变革的国家，他依然乐观而坚定。摩托车已经侵入万象，游客纷纷涌入，老挝的睡梦已经结束了。由中国昆明至曼谷的高铁在北部的森林中穿梭。当村庄影响了计划之时，政府会动员整村搬迁。在农业方面，森林特许权允许人们大量种植橡胶树、玉米、木薯。果不其然，现代性开始侵蚀传统。

坎炳在壮年时期因病去世，弗朗西斯对此深感悲痛。"他是个了不起的人，聪明而忠诚。他的祖父采集安息香，父亲曾奔赴战场，这令他十分渴望进步和成功。他让我明白了很多事情……"弗朗西斯失去了一个朋友，也失去了一种与森林的联系。老挝的一部分与坎炳一起消逝了，那是弗朗西斯初来此地时认识的老挝，一个从殖民时期以来就未曾真正改变过的老挝。另一段历史开启了。弗朗西斯的斗争仍然是打击非法贸易，他在老挝的地位使他能够与总理谈论这个问题，新的法律正在酝酿。"这需要二十年，但最终我会达到目标的"，他对我说道。在欧洲，他仍然是智慧农林系统不倦的推广大使。除了安息香，他还热衷于从世界各地的树木上采收到的各种香料，如秘鲁香脂、苏合香或乳香。我们详细地探讨了这些气味相似的香脂和树脂，还有它们的历史，以及为了在地球两端的香水业中保留一席之地所必须解决的问题。

　　某日，我陪弗朗西斯去参加一个中学的落成典礼，该学院由他和一个客户共同出资，这位客户对他的行事风格十分欣赏。弗朗西斯曾耐心地指出，在偏僻地区建中学是至关重要的，不仅可以避免年轻人过早地流向城市，还能让他们有机会留下来依靠森林中的物产生活。迎接我们的是村民组成的荣誉列队，他们身着传统服饰，年轻的姑娘们把牙齿涂成了红色，让她们灿烂的笑容有了一些神秘感。我只看到异国风情的美，而弗朗西斯看到的则是一个民族、一门语言、一套文化、一种独特的乡村经济，以及将要接受采脂培训的年轻人。如今，这所中学有 500 名学生，一条公路取代了原来的小径，村里通上了电，还有了一所野战医院。

　　村庄的参观者被弗朗西斯的成就所吸引，他被誉为可持续发展的典范人物。而他认为自己只是为保护资源添砖加瓦而已——用激情和理性去开发利用资源。"我希望能让以安息香为生的社群取得成功，我也想为自己证明一些东西。"他还记得我第一次来寻访安息香时对他说过的想法："您对我说安息香应该卖贵些，这对于安息香的生存来说必不可少，从一个买主口中听到这样的话，真是令人惊讶！我想我的客户恐怕永远不会接受的，但您说的有道理。自那天起，我明白了原来买家也会关心当地人和他们的未来。"

我们的行业需要弗朗西斯这样的人。通过将香水与森林中的生产者联系在一起，他创建了一种管理古老香料资源的方法。他保障了生产者的收入，并鼓励他们继续这一事业。这样做很简单吗？如今看来也许是的，但早在这种做法成为风尚之前他就这样做了，其他原料生产商也纷纷效仿，在尊重当地社群和满足调香师的需求之间寻求适当的平衡。当我在世界各地遇到那些选择在精油源头辛勤劳作的男男女女时，我总会想起弗朗西斯，他是可持续发展真正的先驱，在世界的尽头开发了香水业中的农林复合系统，是森林民族及其知识技能坚定的代言人和捍卫者。

斯里兰卡的肉桂

树皮的甜美

"当我们任由肉桂树生长时，这就是它将长成的样子"，拉桑塔对我说道。他靠在一棵中等大小的树上，这棵树具有典型的热带树木外观，有着灰色的树干和闪闪发光的嫩绿色叶子。"但奇怪的是，并不是树木越老其树皮的精油质量才越好。我们只用新苗。" 我的肉桂精油供应商带我去探访卢努甘卡（Lunuganga）庄园[1]，它位于整座岛屿的西南海岸，对我来说它是斯里兰卡最迷人的地方之一。我走近那棵树，从树枝上扯下一小块树皮，捏碎几片树叶，熟悉的肉桂气味萦绕着我们。这片田产由杰弗里·巴瓦创建，他是斯里兰卡伟大的建筑师，自发的生态主义者，亚洲和欧洲文化的天才融合家，这片田产正展现了这种罕见组合的和谐景象。花园和露台展现着秀丽的自然风光，木质房、玻璃房及传统样式的附属建筑物默默地融入其中。当代的雕像和巨大的古瓮都令我的参观乐趣无穷。斯里兰卡繁茂的植被展现在眼前——花草繁茂，树木葱郁，它们整齐地排列在海边的大湖旁，其布局精心，每种精油作物都有一片观赏区。肉桂树在木棉树和红色细树干的棕榈树旁，多节的老缅栀花点缀在稻田周围，缅栀花的树枝在蓝天下勾勒出热带地区特有的涡卷线状图案。此刻只有轻柔，海上吹

---

[1] 斯里兰卡著名的私人庄园。杰弗里·巴瓦（Geoffrey Bawa，1919—2003）是斯里兰卡杰出的建筑师，1948 年，巴瓦在数年海外游学之后回到刚刚赢得独立的祖国，买下湖边岬角上一片废弃的橡胶林，取名为卢努甘卡，并将其改造成私人庄园，而后这座独一无二的庄园被公认为 20 世纪最杰出的私人园林之一。——译者注

来一阵微风，春意盎然。树间的鸟儿，露出一个个小脑袋，色彩艳丽，鸟鸣啾啾。对我来说，卢努甘卡代表着这个国家的心跳，它充满了热带的魅力，异国情调和深沉柔美于此地完美结合，令人神往。海风吹拂下的红树海滩，优雅的舞者佛像，茶园覆盖在山上，宛如绿色的地毯，其间装点着一条条采摘小路，鸟儿成群，肉桂香气扑鼻，皆是这个国家提供给游客的丰富多样性和一种庄严的寂静。现在是 2015 年 4 月，我又一次中途停在斯里兰卡，之前我已经来过多次。斯里兰卡距泰米尔纳德邦的茉莉花田很近。"你会发现，那里就像印度，只是干净多了！"拉贾在我第一次前往斯里兰卡之前这样告诉我，"我不应该总这么说，但是他们的辣椒比我们的好很多……幸好他们不种茉莉花！"

　　斯里兰卡自称是香料之岛，这个说法在香料史上是无可非议的，因为自古代起，斯里兰卡香料的作用就十分重要。斯里兰卡岛的西海岸一直盛产肉桂和胡椒。这样看来，它与印度喀拉拉邦海岸极为相像，同样西面临海，纬度也几乎相同。这两处香料海岸曾是贸易的起点，最初与罗马人往来密切，中世纪时更占据了整个欧洲的香料市场。香料最初经陆路运输加入阿拉伯没药和乳香的沙漠商队，之后从公元 1 世纪起开始走海路，因为当时希腊和罗马的航海家学会了如何利用季风去印度装船并返回。如今，马达加斯加、印度尼西亚和东南亚地区是香料的主要产区。然而到了今天，胡椒、丁香、肉蔻和豆蔻的产地有许多，肉桂则不是这样：它的家乡就在斯里兰卡，斯里兰卡肉桂可以骄傲地宣称自己具有优势地位。这一点没什么争议——在其他地方也能找到肉桂，但所有人都认为它们不如斯里兰卡的好。锡兰肉桂（*Cinnamomum zeylanicum*）不论作为食品还是作为香氛都享有良好的声誉。它的主要对手是中国肉桂（*Cinnamomum cassia*），中国肉桂是它的远房亲戚，产量大得多，价格也便宜，但口味和香气却略逊一筹。

肉桂一直以来都被人们所熟知和重视。在远古时期，它就被认为是不可或缺的几种芳香产品之一。《圣经》经文中也有埃及人使用"肉桂"（Cinnamome）的相关记载："我又用没药、沉香、桂皮熏了我的榻。"（《圣经》，箴言7：17）

这三样事物，一个是香料，一个是树脂，一个是木料：如此组合完美阐释了三千年前人们对香气的选择偏好和搭配理念。肉桂的甜美温暖，结合没药的力量感和沉香木（古代称为"芦荟"）无与伦比的香气，这足以让我们沉浸于香水的世界。

香料是斯里兰卡的重要资源，来自葡萄牙、荷兰与英国的征服者和占领者相继踏足斯里兰卡，争先恐后地投资香料的采集和贸易，19世纪英国人在锡兰高地上种植咖啡失败后开始种植茶叶，斯里兰卡的贸易重心才有所转变。一直以来，斯里兰卡的肉桂树资源应该都是非常丰富的，因为历史上从未记载过肉桂资源枯竭或短缺的情况。很久以后，产量最大的收获模式才得以建成。品质最好的肉桂来自生长不超过两三年的嫩茎，这与树皮的厚薄密切相关。后来人们用种植园取代了最初对野生树枝的采伐，因为前者更易采摘，产量也更高。

拉桑塔与这个国家的气质很相像。他很有礼貌，说话的声音轻柔低沉，谨慎内敛。我们认识很长时间之后他才渐渐与我相熟，并且向我讲述了斯里兰卡的另一个故事，那就是二十五年来给这个国家烙下伤痕的两大悲剧：内战与海啸。斯里兰卡内战旷日持久，以致最后全世界都忘记了这个国家。北方的泰米尔人是印度教徒，他们希望获得独立和国家分治。而僧伽罗人则是斯里兰卡的主体民族，他们是佛教徒。泰米尔人反对僧伽罗人的战争一直持续到 2009 年，且造成了至少 7 万人死伤。拉桑塔在 20 世纪 90 年代已经投资了一家肉桂蒸馏厂。他和合伙人一起蒸馏肉桂树皮，这种树皮是香水中高贵精华的来源，它的气味非常典型，让人想起美国的苹果派或圣诞集市上的热红酒。他还生产肉桂树叶的精油，这种精油富含丁香油酚，具有浓郁的丁香气息，唤起了很多人对牙医的记忆[1]。它的价值较低，却被大量生产，主要用于功能性的香水、香脂和制药行业。

---

[1]　丁香油酚因其消炎杀菌的特性而常被用于生产口腔护理用品。——编者注

　　21 世纪初，首都科伦坡的袭击事件愈加频繁，由此造成的平民伤亡也越来越多。拉桑塔是僧伽罗人，他告诉我，他的焦虑情绪在不断加重，甚至后来，他一想到要让妻子和孩子单独乘公交车就会惊恐万分。于是，和之前的许多人一样，他决定和家人一起离开这里，前往澳大利亚——那是对僧伽罗人最友好的接收国。2004 年12 月 26 日，拉桑塔没在斯里兰卡，这一天，海啸瞬间卷走了南部和西部海岸的 3 万名同胞，正好是沿着肉桂种植园的方向。那场灾难也让他的合伙人失去了几位至亲。本托塔是拉桑塔的工厂附近的一座城市，在我第一次参观时，拉桑塔就带我看了本托塔周边的一排排小墓地，就在科伦坡以南沿海的铁路线旁。凝视着海边的墓地，听他讲述着如此多为肉桂劳作的家庭因海啸而失去生命，我的喉咙发紧。尽管如今，那些穿梭于岛上遗迹的游客已注意不到这1/4 个世纪中 10 万亡者的痕迹，但大多数居民的伤痛却依旧很深，我在拉桑塔身上强烈地感受到了这一点。这个瘦小的男人有铁一般的纪律，他吃得很少，每天都要训练几小时；他已经是一名高水平长跑运动员。他的笑容之后隐藏着克服众多困难的坚韧。他曾被迫流亡，但战争一结束他就重返科伦坡并开始了新的生意——主要是蒸馏树皮。他将卷状肉桂的生意留给了他的伙伴，卷状肉桂是肉桂的传统售卖形式，也就是我们烹饪或制作饮品的材料。

　　肉桂树田很隐蔽，藏在从科伦坡到加勒的铁路一旁的海岸上。

海滩和椰树——这印在明信片上的宁静海岸十几年来又成为旅游胜地，海啸的悲剧似乎被遗忘了。拉桑塔合伙人的树木种植园在本托塔周围，在村庄的后面，距离铁道几百米。肉桂的生产是按照传统模式组织起来的，似乎自始至终都是如此。种植园园主"招募"几户人家，他们负责所有的操作，包括制作大捆的肉桂卷。天亮时分，一家人就开始分工合作：男人砍下并修剪茎秆，妻子和青春期的孩子将所有的枝条收集起来，扎成捆，之后卖给肉桂叶精油的蒸馏厂。茎秆是从最初种下的树木上长出的新枝，人们已经让幼苗生长了三年，之后再将其砍伐——当多余的枝条生长两年且长到扫帚柄大小时就会被挑选出来。通过充分利用最初种下的树木，种植园可以维持四十多年。随着树龄的增长，树桩变得很大，但幼芽的高度不超过三米。劳作在悄无声息地进行，只能听到砍刀砍伐茎秆的声音。早晨结束时，收获的成果会被集中到农场，肉桂就是在那里被进一步加工。

在大挡雨棚的屋檐之下有 4 户人家分工劳作。他们都盘腿坐在肉桂仓下的水泥地上，肉桂仓是由水平悬挂着的铁丝网构成，上面放置着数百个等待出售的橙褐色肉桂薄卷。负责生产的一家之主是位受人尊敬的手艺人，他的技艺广受认可，弥足珍贵。要想成为优秀加工者并掌握所有的制作流程，需要多年经验。好的肉桂"制造者"很稀少，他们收入很高，并且还培养自家孩子熟习这门手艺。

肉桂也是一种"家族生意"。每家每户在种植园里都有自己的肉桂区、自己的组织、自己在挡雨棚里的位置——它们相当紧凑，但不会相互混淆。这一景象显得井然有序，但人们使用的工具似乎已不合时宜。在我的央求下，拉桑塔向一位劳作者询问他的操作方式的由来。他似乎对这个问题很惊讶，他笑着回答说一直以来就是这样做的。对于一件流程规范、操作高效的事情来说，没有什么理由要改变或采取不同的做法。一段时间以来，随着我们逐渐了解并学会如何利用这些芳香树木，我们进入了一个非凡的世界，一个永恒工艺的世界。我发现赤道地区的工具——篮子、绳索、梯子、石锤，所有这些都由森林中的原料制作而成，制作工艺十分复杂，我们常常无法理解它们的奥妙和精密。父母将一身本领传给孩子——和谐而精巧的动作要领，自发地节约资源的习惯，以及欣赏竹子、树皮和编藤器物之美的能力。从老挝到萨尔瓦多，从索马里到孟加拉国，芳香树木的工匠都是濒临消失的世界中的幸存者。作为狩猎者与采集者的继承人，他们让我敬佩不已，他们见证了人类在另一个世界、在那个曾经的世界中所能孕育的最好的东西。每次与这些人会面之时，在初识、观察和交流之后，我总会想到这个令人纠结的问题：这一切还能持续多久？

我和肉桂加工者们坐了一会儿，观察他们的手法和工具，我那笨拙的尝试引发了他们的笑声，慢慢地我们也开始了交谈。我可以在那里待上好几天，让自己沉浸在这种特殊的仪式中。妇女负责第一步：用刀刮去绿色的表皮以及丁香油酚含量过高的部分。我仔细观察着一个年轻女子，她的灵巧和速度令我吃惊。我认得她，今天早上她在种植园里捡大捆树枝。我的注视使她有些羞怯，但她最终噗嗤一声笑了出来。现在茎是黄色的，之后会因氧化而变红。为了便于剥离内层树皮，人们用一个金属圆筒从上到下在一块准备剥皮的木头上滚动。沿着茎部切开，可以取下一片长长的树皮，在干燥后它会自己卷起来。这是一项专业、细致且困难的工作，它要求动作精准，而且每个环节都需要特定的工具，此外还需要切到合适的深度，并且要在不规则的木材上进行直线切割。新鲜的带状树皮被放置在阳光下，等它们卷起来就会形成 2 米长的薄卷。一位老妇人负责在太阳下监视树皮的变化，并且决定树皮何时算是卷好成型。她面无表情，动作迅速，毫不犹豫。拉桑塔低声对我说："她在海啸中失去了丈夫，他当时离海滩太近了。"没有人大声说话，交流简短，声音低沉，只能听到每件工具发出的清晰而规律的声音。当这些高贵的长树皮被提取完后，茎皮的剩余部分会被刮掉，之后进行蒸馏以制作精油。

　　拉桑塔的蒸馏厂在邻村一条小路的尽头，掩藏在一扇铁门后，丝毫看不出其存在。蒸馏厂的结构围绕着一个中心庭院，由一个塞满袋装树皮的简陋仓库和两个小型蒸馏车间组成。在这里，一切都依靠人力完成。蒸汽锅炉的燃料是木头和脱皮后的茎。在流程的最后，工人用手将蒸馏器沿旋转轴倾斜，将用完的废料倒在地上。这些废料之后被装在独轮车上运走，同时一袋袋新运来的肉桂块被放进蒸馏器中，开始新的循环。车间后面整齐排列着数十个金属罐，里面流动的是从蒸馏器中出来的冷凝水。整个场面十分壮观！在这个过程中，精油渐渐澄清，浮到每个罐子的表面上之后再被收集起来。拉桑塔静静地看着，他将手指在精油的半月面上轻点了一下，之后点了点头，全程只听得见水流的淙淙声。阳光照得容器表面闪闪发光，这称得上是一场当代艺术表演。

我再次造访拉桑塔是出于一个令人不悦的原因，它虽然不像海啸那般山崩地裂，但对于他这样一位小蒸馏厂主来说，也算是一种悲剧了。在过去的几个月里，我公司的质检部门一直在否决他们的精油样品。然而我们和他已合作多年，他认真守信，且产品一般质量都很好，但肉桂精油是几种决定性成分的精妙组合。出于香气和监管方面的原因，有必要对所有批次的产品进行监控、分析，并确保它们符合精确的规范要求。用技术语言来说，就是要确保肉桂醛和丁香油酚的比例刚刚好。肉桂醛最能体现出肉桂特有的味道和香气，因此须占主导地位，而丁香油酚散发出丁香的气味，不能喧宾夺主。但棘手的是黄樟素，这是一种香水监管标准严格限制的分子，现在必须将其含量控制在更低水平。这些变化意味着，如果我们想继续从拉桑塔那里获得精油，拉桑塔就必须要改变其精油的成分，目前他的产品还无法满足新的要求。经过多次电话联系，他迫切地让我去指导他并帮他走出这个僵局，我们是他的第一个顾客，他害怕失去我们的市场。热带的蒸馏厂往往规模不大，且条件简陋，这些传统生产者的产品与大型工业部门要求的监管水平相去甚远。他们并不清楚对方的情况和要求。就我而言，我衡量了拥有拉桑塔这样一位供应商的好处，他懂得如何管理资源，如何鼓励树皮生产者并培养他们的信任，他能够精心地蒸馏，并且不会通过添加叶子精油来改变其产品的性状。如果我们想继续获取来自斯里兰卡的这种美丽而纯净的精油，我们就必须要放宽对生产者的标准要求。应该由我向日内瓦的分析师解释这一点，分析师是香水圣殿的守护者，负责确保我们所创造和生产的成分能保持长期稳定。他们不能接受精油因配比有偏差而导致香水气味改变。

　　我们忙碌了整整一个上午，在院子中将袋子分为 5 组——代表要蒸馏树皮的 5 个传统等级。这些树皮被区分为不同种类，最大的被认为是最好的，因此价格也最贵。最后一个袋子装的是许多小块树皮和树叶。不同袋子间的气味差异非常明显，我花了很多时间来感受这种差异。当然拉桑塔能完美地辨认出来，他确认在不同等级的树皮中 3 种成分的百分比是不一样的。在我们想要的气味和达到严苛的化学成分标准之间找到平衡点，对他来说似乎太难了。我们商讨了很久，我向他解释说，解决办法就是将这 5 种品质的产品按比例进行混合，以找到符合标准的配比。我们最后决定开展一轮新的尝试。我知道他需要增加优质树皮的数量，但这样的话，成本的提高和库存用量的不平衡对他来说将成为一个新问题。我们已经说定价格可以日后再议。他松了一口气，我明白他已经在考虑如何使用我不会接受的那些次等原料了。这些原料会用在其他价格较低的精油中，卖给那些标准没这么严苛的顾客。他需要一颗定心丸，我的亲自来访于他于我都非常重要，我需要来分担他的困难，向他解释我们的新需求。

第二天，我再度回到了肉桂种植园。日常的开采没有显露出什么变化来，也看不到人们用砍刀无声的砍伐，我走进茂密的枝叶之中。这种繁盛的感觉并不常见，萦绕着我们的这种肉桂香似乎是种象征，象征着这个国家对永恒不变的宁静的向往。这棵树气味香甜，已经生长了数十年，它毫无怨言地奉献着自己的树皮，每天早晨都有懂得如何精心照料它的家庭来照看它，肉桂树的滋养使这些家庭的生活得以继续，面对这样一棵树，人们怎能无动于衷呢？

忧郁热带的女王

马达加斯加的香草

在我们刚刚过夜的木屋阳台上，皮埃尔-伊夫点了一支烟，他的目光漫游于这座马达加斯加村庄周围的山丘景色之中，迷失在香草之省萨瓦区。在陡峭的山坡上，稻田旁边是树荫庇护下的小型香草种植园。"不论是否有危机，对这里的人来说，什么都不会改变。他们种水稻是为了吃，种香草是为了生活，为了努力生活……"皮埃尔-伊夫是布列塔尼人，有着航海家的蓝眼睛，他娶了一位马达加斯加的律师，他在这个国家已经生活了超过二十五年。我第一次去马达加斯加是在 1994 年，如今我们已合作了很长时间。他热衷于芳香植物的种植和蒸馏，也成为了马达加斯加几座村庄中社会项目的组织专家。十年来，他致力于成立合作社、挖井、修建诊所和学校，给那些为我提供香草荚的村庄谋得了不少福利。他会讲马达加斯加语，也很了解这个国家和这里的农民。他是为数不多的知道如何在热带丛林灌木区做有用且可持续事情的西方人，他熟悉香草世界的一切，因此我总向皮埃尔-伊夫寻求意见和建议。

2017 年，香草经历了一年有史以来最严重的危机，马达加斯加出口的香草荚价格在不到两年内翻了十倍。我来了解情况，并与我的供应商一起制定策略。我的公司是行业内最重要的香草荚采购商之一。我们将香草荚制成香脂，提供给那些需要"真香草"的客户。比起市场上泛滥的人工合成香草香精来说，使用"真香草"调制的产品实属凤毛麟角，但香气却是无与伦比的。我们交换了关于这场危机的最新消息，皮埃尔-伊夫总结道："我以为我了解马达加斯加的一切，但这却超出了我的理解范围……"自我来到这个国家，我发现很多事情都无法理解。

在马达加斯加，一切几乎都是一成不变的样子，首先是贫困。马达加斯加被世界银行列为世界上最贫穷的四个国家之一，但它是唯一一个自 1960 年以来实际 GDP 不断下降的国家，这才是真正意义上的挑战。美丽的风景掩盖着破坏森林和掠夺海洋资源导致的恶劣影响。大部分道路和桥梁仍是法国人 1960 年离开时留下的遗产。政府频繁更迭，但均无所作为，政客和行政部门的腐败屡见不鲜。医疗卫生体系和教育体系完全缺失，投资者因该国缺乏法律法规、政府疏于管理而纷纷退却，80% 的人口生活在贫困线以下。在数以千计的丛林村落中，农民世世代代在这样的贫困中继续生存下去。

然而，马达加斯加也是一片令人无法拒绝的土地。热情的马达加斯加人和他们的传统有着深厚的羁绊。这种不可思议的韧性让他们能在如此简陋的条件下生存，这一点非常吸引人。梅里纳人是生活在高原上的主要群体，他们有着印度尼西亚人的面孔和沉稳气质，而北部沿海的萨卡拉瓦人则保持着非洲人的性格特征。

即便距我初次到访已经过了二十多年，穿越丛林村落的经历依然如故。我们遇到了无数玩石头和木块的孩子，他们挥着双手，笑着向每一辆过往的车辆喊叫。面无表情的妇女将盛好的河水举到头顶，再走几公里路将其运回村中。她们回到"茅屋"，即用旅人蕉叶搭成屋顶的小木屋，这些扇形的大叶子是这个国家的象征。米饭是三餐中唯一的食物，煮饭的火是六点夜幕降临后唯一的光。

在这片辽阔的土地上，景色非常多样。稻田和一望无际的海滩，以及幸存下来的迷人的原始森林……我们久闻这个国家动植物的盛名——狐猴和猴面包树，座头鲸在圣玛丽岛的海岸边诞育它们的孩子。

最终，马达加斯加有了真正的女王。她不是源自本地，而是从墨西哥的尤卡坦州远道而来，在这座岛屿的东北海岸茁壮生长。马达加斯加的女王，是香草。

让我决定再次来到马达加斯加的原因首先是香草价格危机，但我也想花时间看看我们与马达加斯加的合作伙伴兼供应商一起建立的项目。近年来，香草的重要性和这个国家的极度贫困引起了行业的重视——业界开始投资助力马达加斯加的发展。水资源、医疗、教育、培训，这里的需求多到让人不知从何做起，恐怕只有瞎了眼或冷漠至极的人才能只顾着做生意，对当地农民的困境视而不见。

我们的合作伙伴是皮埃尔－伊夫的老板，我们在前一夜离开了他的工厂。先是乘皮卡，等开到路的尽头再换乘摩托，沿着山丘旁的小路行进，我们紧紧抱着年轻的车手，丛林的路况已经将他们塑造成了越野冠军。在到达村庄的一个小时之前，我们遇到了一队略带魔幻色彩的商队：在两名持枪男子的保卫下，十几个搬运工跟着一位重要的香草收购者，他们前往丛林进行为期 3 天的徒步旅行，目的是去购买绿香草，之后加工成供出口的棕色荚果，所有的交易都以现金进行。收购者有时要步行几天去遥远的村庄中，他们会携带足够的钞票来支付即将购买的珍贵豆荚。

在马达加斯加的丛林中，货物的运输要靠步行完成。搬运工肩上扛着一根大竹竿，两边各挂着 25 千克的货物，比如水泥、香蕉、香草，在无法通车的小路上，一切都要靠肩膀来挑。但近两年香草价格的暴涨带来了惊人的结果。那天，商队运送的不是豆荚，而是购买豆荚所需的一包包钞票。更准确地说，"货物"是农用塑料包裹的一个个立方体——每包的"分量"是 5 万美元！5 个搬运工，每人挑着 10 万美元，行走在稻米搬运工和领队之间，也难怪领队持枪。整个队伍一共挑着 50 万美元，而该国一位普通农民每日收入最多为两三美元。收购者和他的手下购买了 8 吨绿香草，刚刚够生产 1 吨多可出口的黑香草荚，然而至少 1500 吨黑香草荚才能满足市场的需求。我们到来时，搬运工和武装者决定稍作休息。这景象实在是闻所未闻：这些人如此卖力，一天要步行 35 公里，他们肩上的负重我连背 5 分钟都难以忍受；价值不菲的黑色包裹，就放置在这树丛深处的道路边缘；商队虽然表面平静，但只要有一点可疑的迹象，这两个卫兵就会开枪。我们重新骑上摩托车，坐在车手身后，我们约好了和那名收购者一起在村子里吃晚饭，并在他家过夜。

我们沿着一条山谷继续前行。谷底是刚收割完的稻田。山丘上四处有新的香草园，它们是一座座隐蔽的小花园。藤蔓沿着树木攀缘而上，平时用砍刀来修整树木的枝杈，目的是让豆荚在适宜的树荫和阳光下成熟，但这种惬意的景象预示着超产。"你知道两年后香草的总量会有多少吗？如今所有人都为香草的高价兴奋疯狂，没有人愿意思考生产过剩的问题，但当价格暴跌时，我们该如何对待这些生产者呢？"我们到达村庄时皮埃尔-伊夫悄悄对我说道。

我们在一所小学中资助建了一栋有 6 间教室的新建筑，村里正在为其举办落成典礼。这是与村民的香草生产合作社的合作项目。我们下了摩托，到下面的村庄去参加典礼，车手则骑车离开了。在老师的带领下，200 名兴奋的孩子齐声用法语欢迎我们："先生您好，我们很高兴接待您。"学校的地区督学本应到场，皮埃尔-伊夫向我解释，法国合作方为督学提供了一台摩托车，以求使巡视变得更加方便，但他一直忙于自己的摩的生意，无法顾及本职工作。仪式举行这天，行政代表缺席，我看着孩子们，喉咙发紧。这是马达加斯加生活的可悲写照。学校是崭新的，木制的长椅很漂亮，但是却没有书。孩子们只有一个本子，老师也只有一位，工资通常要晚

4—6个月才能收到。有时老师会来，有时不会来。今天，学生们的父母也在。我们轮流发言，马达加斯加人很喜欢我们的讲话，我们是今天的焦点。皮埃尔-伊夫和我都向他们强调作物多样性的重要。我们要传达的信息是要种植丁香或粉红胡椒，这样才能摆脱以香草种植为唯一收入来源的宿命。

路上遇到的那伙搬运工人在黄昏时分赶到，一包包现金放在收购者的香草加工房中。今晚我们将在那里过夜，在被50万美元包围的两张床垫上睡觉。收购者晚饭吃着米饭和鸡蛋，他承认自己并不放心，没有人经历过这样的情形。明天，他会将钱分配好，以便到更远的村庄去采购，需要步行两日才能到达。3名持枪者轮流站岗，我紧张得无法入睡。我看到一丝电灯的光，这相当令我惊讶，光来自如今安装于各处的中国制太阳能板。马达加斯加的丛林正在一步步地进步：十年前是手机，两年前是摩托，如今是太阳能发电。

第二天，在孩子们的欢送声中，我们离开了学校，选择了各自的摩托车驾驶员。下雨了，我们要从陡峭的山坡上下到河边，这是返回的唯一方法。各处的道路都坍塌了，我们要推着摩托穿过河流，混着淤泥的河水漫到了膝盖。两小时后，我们到了贝马里武河畔，那里是独木舟乘船点。这种镀锌铁皮长船传统上要撑篙而行，现在越来越机动化了，船篙的一端装有小型发动机，另一端装有螺旋桨。水手必须要熟练，因为在这个季节浅滩的水位甚至会低于 30 厘米。

我们要花 3 个小时下山后才能再次回到公路上。雨下得更大了，头顶遮雨的塑料篷布已经不起作用了。河面变宽了，灰蒙蒙的，几乎与周围的山水融为一体，宛如一幅中国画，被无数雨滴冲刷后开始变得斑斑驳驳。我们行进得很慢。掌舵人站在我们后面，他身上只着一条短裤，手里拿着篙，寻找着最佳航道，尽管身上已被水花溅湿但他依然十分镇定。终于，我们到了港口，船挤在一起，围成一个大圈，大家都在这里活动，女人们在船上煮饭。我们在水中下船，浑身都湿透了，最终走到了大路上，躲入一个小屋之中，里面一位母亲和她的女儿们正在卖瘤牛肉串。我们围着炭火边吃东西边喝咖啡，等待吉吉的到来，十年来吉吉一直是我在香草领域的合作伙伴，她是一位无冕之王，是马达加斯加的香草女王。

十五年前我在安塔拉哈遇到她，当时她还没有像如今一样成为萨瓦区备受尊崇的权威人物。萨瓦区是马达加斯加东北海岸出产香草的大三角区，安塔拉哈和桑巴瓦是该区的两个香草之都，所有的出口商都在这两个城市之一设有仓库。每次与吉吉见面，回忆都会涌上心头。我们在桑巴瓦登陆，之后沿着海岸一条坑坑洼洼的小路到达安塔拉哈，小路糟糕的路况也没能阻拦四驱丛林出租车和皮卡的前进——它们缓慢地沿着巨大的车辙行驶，每下一次雨车辙就会更深一些。80 公里的路我们行驶了 3 个小时。香草出口界的一部分人懂得适当放下竞争，他们每周会花一个晚上，在海边一栋殖民时期的美丽房子中共进晚餐。这栋房子归一个长期以来定居在岛上的法国大家族所有。在一家仍在建造独桅帆船的小造船厂附近，住着几位外侨和华裔家庭的代表，他们在香草业中非常活跃。

自从马达加斯加独立、法国殖民者离开后，香草荚的贸易和出口就成了两个群体的竞技场，他们在东海岸的生意做得风生水起：马达加斯加的印度人，他们是印度-巴基斯坦穆斯林，其中一些人在岛上发家致富；以及中国人，他们是广东移民的后代，自 1900年起来到这里，为法国人修建了两条铁路。我仍然记得那些晚餐，话题开始于乡下的最新资讯，通常以整个香草历史中的逸事结束。

我们熟悉的棕色或黑色豆荚的源头——香草，是一种兰科植物，一种原产于中美洲的藤本植物，其果实为绿色，是一种成串生长的大豆子，人们将其称为"扫帚"（balai），它可以长到 20 厘米长。当 1520 年科尔特斯[1]到达特诺奇蒂特兰[2]，即未来的墨西

---

[1]　埃尔南·科尔特斯（西班牙语：Hernán Cortés，1485—1547），殖民时代活跃在中南美洲的西班牙殖民者，以征服阿兹特克文明，并在墨西哥建立西班牙殖民地而闻名。——译者注
[2]　特诺奇蒂特兰（西班牙语：Tenochtitlan），阿兹特克帝国首都，位于墨西哥特斯科科湖中的一座岛上，1521 年被西班牙人征服，其遗址位于今墨西哥城的地下。——译者注

哥城时，他让人们给他调制阿兹特克皇帝蒙特祖马喝的饮料[1]，他尝了一口就惊讶地停了下来——香草带来的细腻而甜美的气息为这款饮料注入灵魂，同时也缓和了可可与辣椒相混合的苦味。他弄到一些豆荚并将它们带回西班牙。阿兹特克人任由豆荚在藤蔓上生长成熟，直到它们变黄、开裂，变得香气四溢。但直到1850年，欧洲才成功再现香草的这种香气。

17世纪，人们将墨西哥的藤蔓带走，种植在安的列斯群岛和圭亚那的温室中，它们枝繁叶茂，绽开花苞，但一个谜团出现了：这些藤蔓从不结果。1820年，人们在留尼汪岛进行了新的尝试，实验持续了二十多年，但一个豆荚都没有收获。不可思议的是，解开这个谜团的人却与当时的科学院或伟大的植物学家毫不相干。1840年，留尼汪岛上的一个小男孩破解了秘密，他名叫埃德蒙·阿尔比乌斯（Edmond Albius），父亲是一名奴隶。11岁的埃德蒙完全凭直觉明白了一种特殊的墨西哥苍蝇在这件事上发挥的作用：授粉。他用橙树上的荆刺使香草的雄蕊和雌蕊接触。奇迹出现了——藤蔓结果了，对西方来说这就是香草的诞生，这种技术至今仍在使用。欧洲人花了3个多世纪才了解香草。

---

[1] 这种饮料名为 "Xocoatl" 是由碾碎的可可豆，加上香草、胡椒、树汁，再兑上水，搅拌起泡，最后加入玉米粉制成的一种褐色苦味饮料。在13—16世纪的墨西哥，阿兹特克人经常饮用这种饮料。——译者注

十年后，一位种植户完善了豆荚烫漂。将绿色的豆荚在60℃的水中浸泡几分钟就会引发酶促反应，从而形成美妙的香气。这一做法立刻取得了成功，需求十分旺盛：在1858年，留尼汪岛就已经生产了200吨香草荚。1890年，一条完整的香草荚生产链已准备就绪。很快，留尼汪岛就面临劳动力不足的问题，于是法国殖民者转而在科摩罗、马达加斯加附近的岛屿——贝岛以及圣玛丽岛种植香草。

当马达加斯加在1896年成为法国殖民地时，香草的产量完全是爆炸式增长：从1910年的50吨增加到1930年的1000多吨，超过了世界消费总量。20世纪下半叶，世界香草生产地图形成了，在马达加斯加之外，几个国家分享了其余的市场：印度尼西亚、乌干达、坦桑尼亚、科摩罗、墨西哥、巴布亚新几内亚和印度。一些国家想要加入这个市场，另一些国家的确加入了其中，人们对于香草味道的喜爱是共通的。

吉吉是马达加斯加与中国混血儿，生活让她早早独立。她的母亲被生父抛弃，15岁时嫁给了一个中国人，生了13个孩子，最小的孩子就是吉吉。她的父母在桑巴瓦北部经营着一家食品杂货店，并在20世纪50年代马达加斯加独立前就开始收购和销售香草。在6岁时，吉吉就开始分拣豆荚并学习香草贸易——学习分辨香草的质量、等级、干燥程度。17岁那年，她追随母亲的脚步，踏入丛林，到村庄中进行收购，从安齐拉贝北部的家出发要步行两天才能到达。她成功成为出口商的收购者，并最终决定自己来当出口商，独立与一位法国的合作伙伴共事。我认识她的时候她已经创建了自己的公司，这家公司后来成为最重要的两大香草出口商之一。这无疑是巨大的成功。

吉吉还很年轻，但她的声音有多温柔，目光就有多坚定。她从自己的出身和青春中汲取了不屈不挠的意志和伟大的抱负。在业界，她的独特之处在于与农民的亲近，一直以来她都很了解这些小种植者，他们的命运始终是她所有事业的重心。

关于香草，吉吉教了我很多。她向我讲述了丛林中的苦难，尤其是在"青黄不接"的时期，即稻谷已经消耗完，而新的水稻还未来得及收割之时，很多种植户不得不把还绿油油的香草卖给城里的杂货商以维持生计。不公平现象随处可见：孩子们营养不良，可供饮用和洗漱的只有河水，学校中常常没有老师，最近的医疗资源在一天的脚程以外。

吉吉带我去参观她的设施，从九月到次年一月，数百名豆荚"分拣女工"在这里工作，她还向我讲述了马达加斯加香草的复杂性。

香草至少由 8 万名小种植户种植，它们分散在广阔的区域内。平均每位农夫种植一公顷的藤本植物，对他们中的大多数人来说，这是唯一的收入来源。他们首先种植用于遮光的树木，并将其作为支架，让藤本植物缠绕在上面开花结果。在十月开花时节，妇女们跑遍种植园，用小竹铲或橙树的刺给每朵花手工授粉。在六七月份收获绿色的豆荚后，这些种植户们会到村里组织的市场上进行销售。在那里，收购者会将它们买走，往往要经过三四手，这些香草荚才能最终被出口商买走。要想获得优质的香草，必须要有耐心，等到豆荚成熟后再将其采摘，也就是花朵受精九个月后。成熟的豆荚经过精心设计的烫漂和干燥后，会变成褐色。在四个月的精心干燥过程中，酶在豆荚中形成香兰素，逐渐赋予豆荚香气，使香草成为全世界的明星。最后将其按品质和大小分类：顶级、红色、"开口香草"，未裂开、有裂口，短[1]。这些都是行业内的技术词汇，这个行业中涉及的人很多，要动用的资金额度很大，长期处于竞争的氛围之中。

如今，马达加斯加岛的香草产量占世界总产量的80%以上，几

---

[1]　根据湿度（官方分级只考虑湿度，不考虑香兰素含量），香草质量由高到低可分为以下等级：黑色/顶级香草（vanille noir/gourmet）、红色香草（vanille rouge）、开口香草（cuts）。黑色香草用于食物料理，红色香草用于在工业中制造香氛等，开口香草由于短且干，多用于制造香草粉，且只用于工业。各个等级的香草均有未裂开（non fendue）和有裂口（fendue）之分，且未裂开的香草荚质量好于有裂口的香草荚。此外，一般而言，长香草荚好于短香草荚，但长度不是决定质量等级的因素。——译者注

十年来，其优质产品——"波旁"香草[1]——迅速推广并占领市场，成功地转变为国家身份的一部分。对于整个世界来说，香草必然来自马达加斯加，即便消费者并不清楚它有多么珍贵稀有。大多数产品中的香草味都来自人工合成的香兰素，真正的香草荚只用于最优质的冰淇淋和甜品。

吉吉的家就在工厂边，这座工厂是她在家乡刚刚建成的。这里楼房林立，在砾石的广场上，香草荚铺满了数百块毯子，在阳光下暴晒。当地的气象观测者会在屋顶上预测逼近的云层是否会带来降水。若预报有雨，人们将会开始总动员：将所有毯子折起来，以保护香草。

在工厂房屋中，300 名妇女正忙着按等级和长度分拣香草荚。她们一个一个地仔细检查香草荚并"安置"好它们，即通过打磨、触摸来评估其水分含量。若要保持香草荚的稳定性，使其能扎成一束，且能长期保存而不发霉，干燥是至关重要的步骤。

吉吉用疲惫的嗓音指挥着厂工。这已是连续第三次收成不佳了，她已经相当疲倦。我们走过分级的区域，互相看着对方，我知

---

[1] 波旁香草（La vanille Bourbon）是现今香草荚市场中最为普遍的品种，质量优良。该名称出现于 1964 年，目的是将印度洋香草与墨西哥或塔希提的香草相区分，如今波旁香草指产自留尼汪岛（旧称波旁岛）、马达加斯加、马约特、科摩罗或毛里求斯的香草。——译者注

道她在想什么：香草盗采如今已十分普遍，大部分作物在成熟之前就已经被采摘了，这意味着香草质量会非常差，香兰素的含量非常低，以致许多客户流失掉了。

吉吉比任何人都清楚，香草生产和香草贸易的历史十分动荡，危机此起彼伏，各种困难也接踵而至：当局的腐败、买家和中间商的投机行为、越来越不规律的降雨、每隔一年就会发生的飓风。

2003 年，香草业遭遇了第一次重大危机。几次不好的收成掏空了库存，买主开始恐慌，始料未及的库存短缺让香草荚价格暴涨，几周内翻了五倍。整个香草业都十分亢奋，钱源源不断地流向收购者的口袋。我回想起那时桑巴瓦的街头，到处都是汽车、床垫、电视和音响。这是一场真正的消费狂欢。卖家为了给香草荚增重，甚至偷偷在香草荚里放钉子！这一切只持续了几个月。与收购者们合作的厂家很快就慌了，纷纷重新调配口味，尽量减少冰淇淋和酸奶中的天然香草用量。中国的合成香兰素价格是天然香草的 1/30，解了整个行业的燃眉之急，但这也让香草产品原本浓郁的自然香气变成了贫瘠单一的口感。马达加斯加为当年的危机付出了高昂的代价。行业的重组导致需求急剧下降，次年就有了库存盈余，并且未来十年的香草价格都维持在极低水平，种植户陷入了极端贫困之中，平均日收入只有 1—2 美元。

对此，吉吉想出自己的一份力。她创建了一个由 3000 名农民组成的合作社，这些农民分布在 40 个村庄，她在收购香草时跑遍了这些村庄，因而非常熟悉。她成功地让合作社获得了"有机"认证，使豆荚能卖出更好的价格。我记得很清楚，那些年整个行业对天然香草极低的价格视而不见。也是在这个时候，出现了第一批想要投资当地项目以支持种植者的客户。我们自己也试图通过购买有机香草荚的方式来支持吉吉，有机香草荚能给农民带来更高的报酬。

但接下来的情况更糟糕：香草的低价让其他生产国望而却步，马达加斯加成了唯一的香草出口国，它因过于贫穷而不能承受停产的代价，即使价格低得惨不忍睹也不得不继续……几次糟糕的收成掏空了存货，引发了新的库存短缺，十年后，危机又卷土重来。我去拜访吉吉之时，危机已经持续两年多了，至今还未结束。

这场危机让香草荚的价格翻了十倍，这是前所未有的，着实疯狂。大量的资金涌入这个香草产区，所有的生活都被打乱了。从印度进口的突突车让桑巴瓦的街道时常拥堵，几个月都不消停。这些突突车是两三个马达加斯加的富豪买来外租当出租车用的。摩托车也在城市中穿行。年轻人开始贩卖香草、咀嚼咖特（khat），后者是一种令人兴奋、能消除疲劳的草药，是从也门和吉布提流行过来的。商店里的中国商品琳琅满目。在偏远的乡村，人们将传统木屋屋顶和墙壁装上铁皮，以展示殷实的家境。食品价格飞涨，桑巴瓦开始与国家的其他地区脱节。

　　吉吉向我讲述了香草危机之下的丛林暴力。偷采未成熟香草的现象十分普遍，被抓到的小偷会被私刑处死。她很悲痛地看到合作社中一些优秀的农户被吓昏了头，因为担心香草被盗，于是在其生长到 5 个月时就采摘，而不是等到 9 个月。他们将香草埋在土下或放入塑料袋中，然后将其出售给不知名的过境走私贩，这些走私贩会将香草走私出境，并在印度完成加工准备工作。香草业已经面目全非了。真正的"行内人士"既不是那些投机主义者，也不是黑手党，而是用毕生来筹备这种香料的人，他们非常注重质量。三年来他们一直在经历一场噩梦：不得不提供质量平庸的香草。

　　非法买卖者无处不在，涉案金额之大让人瞠目结舌。资金流动动辄数百万美元，香草成了洗钱的竞技场，在马达加斯加，黑钱并不少，尤其是非法出口"蔷薇木"的钱。蔷薇木精油是一种深受富人喜爱的当地精油，他们不惜一切代价想得到蔷薇木。皮埃尔-伊夫无法用语言来描述对蔷薇木的严重破坏，目前蔷薇木在国家公园中被保护着。所有可以接近的树木都成了不正当贸易的对象，它们被非法砍伐，数百个装有蔷薇木原木的集装箱在当局的默许下被非法出口。这种情况已经持续多年，数千万美元通过香草交易被洗白。在偏远丛林中，香草价格不断上涨。我在香草的"散装"收购时期去探访过吉吉，散装的意思就是指她买来的一批批被烫漂过并简单干燥过的香草，加工准备阶段由此结束。她从客户那里收到数百万元的预付款，当她把一袋袋现金送上路时，她肩负着重大的责任。

进行我公司的采购是件令人发怵的事。高昂的交货价格之下，我们必须提前支付高到令人目瞪口呆的预付款，高达数千万美元。在日内瓦的公司财务部门很担心，他们的担忧不无道理。我尽量不告诉他们丛林中的现金交易方式。大家都在担惊受怕，吉吉更是坐卧不安。我们的业务完全建立在信任的基础上，但我不知道这种信任能持续多久。

吉吉和皮埃尔-伊夫知道，这场危机只会以一次新的价格崩盘而告终。马达加斯加和其他五六个国家种植了大量香草，这预示着未来两三年产量将过剩。香草价格可能会跌回至饥荒时的水平，吉吉难以接受。她太了解营养不良的痛苦了，那些年我几次陪她去给学校的孩子们发"点心"，以确保他们每天能吃上一顿真正的饭。

我宽慰她说，事情在往好的一面发展，相比五年前，客户们如今更加了解产区的种种情况了，也没有人真的愿意重蹈覆辙。我表示，整个行业都希望香草价格回归正常，也能让农民满意。我努力让自己的话听起来很有说服力，她看起来相信我了。在这场"香草之役"的前线，吉吉和皮埃尔-伊夫都是勇猛但疲倦的战士……

去年我重回马达加斯加。近五年来，有益于发展的举措开始出台并落地实施。吉吉不再是孤军奋战，许多香草用户都想投资于"香草产地"的发展项目。消费者的高需求给行业带来了压力，这种压力虽然近期才显现出来，但却十分强大。香草种植户的待遇如何？孩子们是正常接受教育，还是帮助父母下地干活？面对复杂的现实，这些都是合情合理的问题。

又是在雨中，皮埃尔-伊夫向我展示了他在合作社的一位农民家中的最新成果。一处粉红胡椒[1]种植园夹在两个香草园之间，粉红胡椒是种"假胡椒"，漂亮的树上长满了红色串串，它在香水业中占有重要地位。我们触摸、嗅闻、咀嚼浆果，孩子们靠近过来模仿我们，他们羞涩但十分喜悦。我询问皮埃尔-伊夫未来的规划以及他如何看待这里的情况。"我曾经一直都很乐观，坚定地相信马达加斯加能走出来。可是坦白说，现在我已经不再相信了"，他最终勉强地回答了我，蓝色的眼睛上笼起一层雾。我们找了个地方避雨，他点了一支烟。一阵沉默之后他说："但我会为了吉吉和这些孩子们继续坚持下去。"

我听着皮埃尔-伊夫讲话，雨停了，太阳快落山了。二十五年前初次来到马达加斯加的记忆又浮现在我眼前。当时我们要从贝岛

---

[1]　粉红胡椒（法语：baie rose，意为"粉红色浆果"）是秘鲁胡椒树（Schinus molle）的浆果干燥后的产物，与商业胡椒（Piper nigrum）无关，之所以被称为粉红胡椒是因为它们与花椒外观相似，而且也有一种胡椒味。——译者注

搭乘一艘不知用了多少年的渡轮，航行 3 小时，穿过莫桑比克海峡。渡轮锈迹斑斑，刚好可以容纳 12 头瘤牛、一两辆卡车和拥挤的乘客。渡轮艰难地航行，天气在阳光普照和热带阵雨之间摇摆不定。在瘤牛旁，看着太阳落在云朵和斑斓的色彩之中，克洛德·列维-斯特劳斯在《忧郁的热带》开篇时的精彩描述浮现于我的脑海。在那艘沿着巴西海岸航行的船上，斯特劳斯描绘了夜幕降临前看到热带天空火红晚霞时的激动心情，那是转瞬即逝的斑斓色彩，瞬息万变。

六十年后，在这个与巴西相距甚远的地方，我看着岛上的热带天空逐渐暗淡，对我来说，它是世界上最吸引人的国家之一。从未改变的是，每次拜访女王般的香草时，列维-斯特劳斯的书名都会在我心中回响。这座岛屿仿佛见证了一场漫长悲剧的不断重演，一场永无止境、不应发生、不可饶恕的悲剧。

黑色气息的叶子

印度尼西亚的广藿香

2017 年9月，雅典洲际酒店。1300名香水业中的原材料生产商、批发商和买家齐聚于此，参加年度会议。他们的行业组织"国际精油和香料贸易联合会"（IFEAT）每年都会在不同的城市举办这一活动，雅典被选为庆祝联合会成立四十周年的城市。我是协会董事会的成员，今年轮到我来主持会议，对于此次纪念会来说，这既是荣誉，也是一份真正的责任。这四天里，来自世界各地的代表忙着参加会议，酒店变成了一个热闹的蜂巢，在这里，一个来自波斯尼亚或斯里兰卡的小蒸馏商能够接触到大型国际集团的买家。许多参会者相识已久，他们很高兴每年都能再次相聚，并在随和的喧闹中达成共识。香水行业大家庭的年会既是一个激烈的谈判场所，也是一个喜庆而热闹的地方。为庆祝其四十周年华诞，协会印制了一本介绍协会发展史的纪念册。纪念册的开篇就讲述了协会诞生的非凡故事。

2017年的代表中很少有人知道这个故事，也鲜有人记得，香水业成立联合会组织的决定源自一段荒诞的历史，一则引起轰动的丑闻。故事里不幸的主角正是广藿香精油。

广藿香精油充满异国情调且沁人心脾，感性而神秘，自19世纪末以来就有诱惑之香的名声，以致当它出现在欧洲时，伦敦和巴黎的资产阶级将其归入下流低俗之类。广藿香源自印度，极具特色，暗含着风俗开化之意，能吸引很多20世纪70年代的反文化运动分子，使广藿香逐渐成为反正统文化的象征，瓶装精油、棒状香或沾有其香味的服装蔚为流行。散发着广藿香气味的嬉皮士成为埃皮纳勒镇的形象。自 19 世纪末成为香水成分以来，广藿香精油从未过时，在一系列影响时代或引领潮流的伟大香水中，广藿香精油都是核心，如娇兰的"蝴蝶夫人"。1970 年，回忆（Réminiscence）这家全新的公司在戛纳一家店铺中推出了"广藿香"这款香水，成为整个时代的象征。这款不同寻常的香水因其广藿香含量之高而写下了浓墨重彩的一笔。

因此，这是一种具有象征意义且重要的香水成分，1976 年 9 月它引发了纷纷议论并在香水界引起一阵恐慌。当时《纽约时报》上刊登了一张照片，一位著名的美国精油经纪人双手叉腰，用怀疑的眼神盯着面前一连串打开的木桶。他刚刚发现收到的木桶中并不是自己所期待的广藿香精油，而是覆盖着一层精油薄膜的泥浆水。它们是来自印度尼西亚的 2000 桶货物的一部分，本应都是广藿香。这些货物价值 200 万美元，按照惯例，在装船时就要支付。但货源地的广藿香突然涨价，一位印度尼西亚出口商因而无法履行其承诺——尽管他持有信用证，他平日合作的供应商没有遵守承诺供应精油，于是他骗走了钱款并就此消失。这在业界是个晴天霹雳，是件惊天动地的大事。所有人在惊愕的同时亦感到无比愤怒和耻辱。

震惊之余，受骗的买家行动起来，赶到印度尼西亚，他们怒骂并威胁出口商，试图与地方当局进行谈判。但一切都是徒劳，没有一个人拿回了自己的钱。此次事件造成的影响十分恶劣，反映出这个行业的弱点，尤其是买家对生产和收集过程的毫不知情。行业内一些大客户开始质疑此前的程序，并寻找能更好地从源头控制供应链的方法。几个月后，一小群来自英国、美国和法国的大批发商聚集在一起，放下了激烈的竞争，一致同意成立一个联合会，目的是团结行业中的从业人员并建立起行业准则。国际精油和香料贸易联合会的成功超过了他们的预期，成了一个巨大的信息交流平台，一场天然原料领域不可缺席的盛会。

广藿香这种灌木在印度尼西亚种植和蒸馏，其叶子的精油是香水界的明星和标志，受到调香师的一致推崇，是他们调香盘中一种必不可少且不可替代的产品，是所有调香师都会带去荒岛的 10 种原料之一。广藿香精油对香水业来说至关重要，它花了三十多年的时间才摆脱了"问题原料"的形象。多年来，这种非凡的产品已成为我们行业状况真正的晴雨表，也是专业人士之间讨论的一个主要话题。长时间以来，联合会上都有这样一种谣言——印度尼西亚出口商和行业中的主要买家之间可能会签署广藿香协议。不论是谨慎地秘密进行，抑或大肆宣扬，在谈论重要问题的场所，这些会面都被仔细观察并热烈讨论。尤其是广藿香的价格会在会议上决定——行业内无人不知，无人不晓，并且会在行业中引发数周的讨论，很多评论成为了人们的经典口头禅："等等看联合会怎么说""联合会之后就明了了""一切都会在联合会上见分晓"。广藿香精油供应和价格的不稳定牵动着每个与会者的心弦，而这种不稳定恰恰归因于人们对广藿香精油的狂热追求。

广藿香是一种不起眼的灌木，果实呈球形，周围覆盖着深绿色的绒毛叶子，只有当这些浆果稍稍发酵并被揉搓时才能闻到气味。它的香气非常浓郁且异常独特，既应用于洗涤剂，也用于潜心调制的小众香水。广藿香的气味令人震撼，具有强烈的诱惑力，在配方中十分突出。其成分复杂，因而无法被人工合成。在香水创作中，它是一记撒手锏，在目前的配方中依然被广泛使用。广藿香会在香水中留下鲜明的痕迹以证明它的存在。它也是一个巨大的矛盾，长期以来让买家头疼。广藿香无休止地从一个种植区迁移到另一个种植区，对农民来说是不稳定的收入来源，对买家来说是不稳定的质量和价格，对香水业不可或缺和无可代替的广藿香似乎永远不受控制。

虽然广藿香起源于印度和菲律宾，但自 7 世纪起，它就出现在中国的焚香配方之中，在药用方面，它被用于消炎和杀菌的药液中，它的叶子也被掺入中国墨水之中，以增添香气。印度人用干燥的广藿香叶子熏香他们的山羊绒织品，英国人由此迷上了这种味道，它成为了异国情调的标志。进口的大包叶子让英国人可以像印度人熏香披肩一样，让衣物香料和防蛀剂散发广藿香的味道。从1850年起，为了满足欧洲对广藿香的需求，英国人鼓励人们在马来半岛和海峡殖民地发展种植，新加坡之后成为了海峡殖民地的首都。来自中国南方的移民是种植业的先驱，他们建立了广藿香种植园。这是广藿香精油蒸馏和贸易伟大传奇的开始，一个半世纪以来，广藿香依然是这个社群的特产，直至今日。从1920年起，新加坡成为叶子出口和精油蒸馏的中心，但后来，广藿香转移到了苏门答腊岛，并在亚齐特别行政区的北部蓬勃发展。1965年起，获得独立的新加坡逐渐将发展重心转移到了其他领域，于是苏门答腊岛北部的首府棉兰取代其地位，一跃成为广藿香之城和大宗贸易的聚集地，而开展这些贸易正是许多华裔家庭的专长。

在雅典的国际精油和香料贸易联合会上，我见到了彼得，一位华裔印度尼西亚人，他是广藿香精油的三大出口商之一，自1967年以来一直从事这项贸易。二十年前，是他让我发现了苏门答腊的广藿香，对此我很感激。彼得丝毫没有忘记1976年的丑闻，他切身经历了这一事件，认识当年所有的当事人。他兴致盎然地看着《纽约时报》的照片，低声说道："不管怎样，那仍是一个令人难以置信的故事……"彼得是最后一个坚守在棉兰的大出口商，现在大部分精油生产商都转移到了苏拉威西岛，那里旧称西里伯斯岛。几年过去了，他还是老样子，清瘦而直挺，就像字母"i"一样。

当我称赞他时："彼得，二十年来你都没有变样，你是怎么做到的?"他大笑着回答："是因为广藿香。我的工作和忧虑太多了，没有时间变老。"

我们回忆起第一次见面时遥远的场景，那是我发现广藿香的记忆。1998 年，彼得陪我来到苏门答腊岛的南部。一些爪哇家庭刚刚在明古鲁地区定居，他们是被政府限制爪哇人口过剩的政策分流到此的，而他们也已经开始生产广藿香叶和精油。我们爬上了高原，那里的森林刚刚被砍伐。在油棕入驻之前，这个大岛已经是印度尼西亚的农业发展中心了。人们砍伐树木、烧毁林地并开垦，然后重新种植作物。我记得那些新建成的村庄中的家庭，他们住在木板屋里，身着爪哇服饰，看起来有些失落，沉默不语，低着头。被迫迁居并不是他们的选择，他们对苏门答腊几乎和我一样陌生。田地的位置似乎只是随机选择的结果，而且最近才开始耕种，其预期使用年份可能不超过一年。广藿香是个过客，其种植者和蒸馏者也是。有些田地种上了椰子树，有些被阳光照耀着，一些地块面积很小，另一些面积则超过一公顷。有些秧苗精心排列，有些又与一排排蔬菜混合排列，显然没有任何标准的种植模式。我们见到过农民将广藿香的茎扎成大捆，堆积在一起，在房屋的披檐阴凉处晾晒数日，以在蒸馏时获得最佳产量。蒸馏厂位于村庄下面，在一条狭窄的小河旁。蒸馏装置由三个油桶组成，第一个用于烧水制造蒸汽，另两个桶上盖了锥形铁皮，内部装满了广藿香叶，用作蒸馏器。最后用勺子收集广藿香精油。我又看到了那个爪哇农家小姑娘，她蹲在溪水中，手里拿着勺子，在一个竹筒口收集漂浮在水洼上的精油，再将其倒入一个可口可乐塑料瓶中。所有这些都让我想起了安达卢西亚吉卜赛人的树胶世界，但在蒸馏中，我从未见过类似的蒸馏方式。彼得看着我，被逗笑了："在印度尼西亚应该有约一万个类似的装置。但在这里，他们刚刚到达此地，对此处还一无所知……在尼亚斯岛和爪哇岛，情况会更好一些！"

彼得和他的同行也跟着一起迁徙，在广藿香生长之处建立了收集中心和分支机构。"我们收集颜色和成分各异的精油。我的工作是清洗和混合这些精油，以确保顾客获得质量稳定的产品"，在我参观棉兰的仓库时，他向我解释道。事实上，中国出口商成功的关键就在于收集和保留不同产地的精油，以提供稳定的质量，这是一种"混合"精油。在我数次拜访彼得的经历中，我深记着他的过滤装置：精油从房间的顶部出发，流过一个由竹子精心编织而成的大托盘状网络。我喜欢这种景象：无数滴精油在这个精心设计的流程中脱去水分和杂质，对于在印度尼西亚上千个山丘上采集的树叶来说，这里是它们的归宿。伴随着热带的热浪，这些混凝土房间中不间断地散发出广藿香的味道，我此后再未遇到过这样的力量。

"我一直不明白这么小的一片叶子如何能有如此强烈和复杂的

味道"，我公司中另一名调香大师奥利维耶惊叹道。这位调香明星回忆道："我 18 岁时，路过戛纳昂蒂布路新开业的'回忆'香水店，发现了广藿香。香气弥漫至道路远方，甚至能够掩盖一些不好的气味，这让广藿香获得敢于违反常规的声望，因而很吸引人。他们家的配方中有一半都是广藿香精油，这种广藿香精油浓度，再未有人更进一步！"奥利维耶是"天使"（Angel）的创造者，这无疑是他一生中最重要的香水，这款香水 1992 年由蒂埃里·穆勒推出，随后取得了巨大成功，被认为是香水业的一场革命。这款香水开启了人们对情欲香调的狂热，如今它仍是世界上最畅销的香水之一。因为我们谈到了广藿香，奥利维耶继而向我讲述了他创作的起源："薇拉是该品牌的香水负责人，她想要一种极具女性气息的香水。我从'巴楚'（Patchou）这个个人作品出发，它一半是广藿香，一半是香草。我喜欢这种香调，于是开始思考该如何使用它。"奥利维耶每日埋头苦思，持续了两年，终于让"巴楚"蜕变成为"天使"。他让蒂埃里·穆勒讲述他在阿尔萨斯的童年记忆，于是在香草中加入了果仁糖、咖啡和蜂蜜的香调，黑加仑和葡萄柚又强化了它们的味道。"我没有选择用花香调来搭配广藿香，而是用美食的香调强化了广藿香的力量。""天使"的最终配方很简单，有 26 种成分，一半是经典配方，1/4 是广藿香，这已经是相当大的剂量了。奥利维耶分享了他对精油的认识。广藿香带有霉菌、皮革、辛辣、烟草和腐殖质的气息，它黑暗和性感的一面能与所有的木质香调相融合。它既适用于男性，也适用于女性，没有性别之分，它超越了香水，它是麻醉剂。在办公室中，奥利维耶忍不住拿出广藿香瓶，将试香纸沾湿。从第一条试香纸开始，印度尼西亚田野的记忆就回到了我脑海中。调香师停顿了一下，我们感受到了不同的层次，这就是他研究的香调构成。他以近乎低沉的声音继续说："灌木丛，腐殖质，但它也关乎颜色。我一直将'天使'看作蓝色和黑色。对我来说广藿香是黑色的。如果我想在香水中加入黑色，我会使用广藿香。"它的隐秘让我想到中国墨汁中的广藿香。这种墨能在纸上落笔留香，我喜欢调香师的比喻和墨香的碰撞。

与整个行业的从业者一样，奥利维耶仍记得 2008 年广藿香的最后一次危机。在 1976 年的事件之后，印度尼西亚生产组织的脆弱性导致数次重大的危机，这些危机也都成为行业中的大事件。以数以万计的小农户为基础，不论是以作坊式还是流动式的方式蒸馏树叶，在到达出口商手中之前广藿香总要经过一个漫长的收集者链条。当广藿香叶的价格持续走低时，一旦出现另一个更有利可图的商机，农民就会放弃广藿香的种植，再加上恶劣的天气条件，这些因素一起导致了 1998 年和 2008 年的严重危机。十年后，同样的情景再次出现——当人们发现精油已经十分短缺时，却为时已晚，精油价格也在两年间持续飞涨。广藿香在香水配方中无处不在，它是所有关注的焦点。一些买家开玩笑说："在香水界，只要广藿香好，一切就都好！"不幸的是，在 2008 年，广藿香的价格在几周内翻了10 倍，境况不佳。整个行业遭遇重创，广藿香惊愕地发现自己再一次被农民的情绪、投机者的失误，以及印度尼西亚的气候摆布。行业决定从根本上改变策略。在买家方面，由于"准时制生产"[1]的终结，买家们不得不开始大量囤积广藿香，他们接到命令，永远都不能缺少广藿香精油。

在出口商方面，他们开始优先考虑质量、稳定性并开始投资从事生产的社群。我最近参观了爪哇岛的一些产能巨大、设计良好的蒸馏厂，工厂内不锈钢设备精良，这些工厂是买家希望看到的新生产模式的代表。2010 年以来，围绕这些生产单元，农民团体纷纷成立，建立起将中间商数量降至最低的收集模式，买卖双方会就价格和数量的承诺签订协议。

我们与当地的合作伙伴一起，资助了爪哇的试点蒸馏厂。在访问该蒸馏厂期间，我在那里的所见与 1998 年的记忆截然不同：一切都是崭新的、整齐的、组织有序的。在这个十分传统的岛屿中心，头戴丝巾的妇女正在工作，她们沉默地运送、称重、装载。印

---

[1]　"准时制生产"（Just in time）的基本思想是只在需要的时候，按需要的量生产所需产品，即追求一种无库存，或最小库存的生产系统。此处，准时制生产被借用到买方策略中，意在强调要大量存储广藿香。——译者注

度尼西亚的农民聪明、勤奋、有创造力，他们认识到了自己培育的产品的价值，在这些新项目中，广藿香精油的收益远超过去。各类创新性的倡议在各处都越来越多，但理念再未改变：聚集小生产商、采用高质量的蒸馏方式、省去无用的中间商环节。

五年来，印度尼西亚的变化是惊人的。现在，出口商陪同欧洲或美国买家拜访农民，讨论蒸馏产量和价格不再是禁忌，信息流通，保密风气不再盛行。精油的价格十年来相对稳定，这在2008年是不可想象的。广藿香仍是天然产品真正的晴雨表。透明、责任、对话、源头投资和尊重农民是行业的新准则。在这个芳香文化的脆弱世界中，某些产品在我看来有时似乎危在旦夕，但是某种良知和道德却又在这时出现了。

长期以来，广藿香动荡的历史促使其他国家也尝试种植：印度、马达加斯加、巴西、哥伦比亚、危地马拉、布隆迪或卢旺达，这些国家都成立了或多或少的宏伟项目。但任何一个都无法撼动印度尼西亚的垄断地位。一种易于栽培和蒸馏的香料植物却没有几个国家生产，这是相当罕见的。这种反常现象是否反映了广藿香不寻常的个性？

绿色的叶子，棕色的精油，广藿香把我们带入一个扑朔迷离的黑色故事。中国人将广藿香叶的粉末与墨水混合，便得到了黑色的阴影，似乎书法家希望广藿香的香气能伴随他们的思想流露于纸上。当奥利维耶想在他的香水中加入一抹黑色时，他就选择了如墨般乌黑的广藿香。从中国的传统到调香师的灵感，在这精油中蕴藏着一抹醉人的黑色，有着难以捉摸的力量。

光与影之地

海地的香根草

虽然我一直知道在热带地区，阳光后紧接着就是乌云，但我未能预料到寻找某些原料的过程会让我面临令人烦忧的现实。壮阔的自然风光和美丽的原料遇上居民的苦难和命运，让我有时强烈地扪心自问，我在这个国家的所作所为究竟有什么意义。2010 年的地震让海地陷入可怕的噩梦之中。在贫穷的基础上，地震和 23 万人的死亡又给这个国家带来了一场凄惨的悲剧。悲剧发生一年后，我第一次来到海地，穿过太子港，走过西边的路，这条路一直通向香根草的省份。陪同我的是皮埃尔，他是岛上香根草精油的大生产商，也是我们在该国的合作伙伴，同去的还有两位同事，他们和我一起负责合作社和学校的项目，这是我们与皮埃尔的公司刚刚启动的项目。

海地的景象给了我沉痛的打击：目光所及，一片废墟，难民营的篷布绵延好几公里，宫殿被毁，集市随意搭建在瓦砾堆积如山的街上，居民漫无目的地在街上游荡。

傍晚时分，暴风雨来临，倾斜的街道上大雨滂沱，给人一种世界末日之感。黄昏时分，我们走在街上，一些人奔跑着跨过几具没有生命迹象的尸体，皮埃尔面色阴沉。在太子港，到处都是死亡，我们在震惊中沉默不语。一边是媒体一直以来报道、评论的巨额国际援助，一边是海地首都人民长期在水深火热之中的生活，我们究竟该如何协调二者间的平衡呢？我很犹豫——我的旅行似乎失去了意义。我来到海地是为了探索香根草，并评估我们刚刚启动的试点行动的影响。但这个国家目前的状况使任何贸易或商业想法都变得不值一提，我只是问自己在那里做什么。海地长期处于极端贫困之中，没有任何发展进步的迹象，它是热带地区的一个悲惨之谜。隔壁繁荣的多米尼加共和国迎接着大量游客，而在边境的这一边，却什么都没有，没有旅游业，没有投资。2015 年，也就是地震后的五年，当我最后一次经过海地时，宫殿还是一片废墟。

二十年间，皮埃尔成为岛上的大精油生产商。在海地，他是个重要人物。他完善了父亲六十年前创建的蒸馏厂，如今蒸馏厂已变得相当重要，当局和大使经常来参观。他现在正准备让孩子们接班。皮埃尔神秘且离经叛道，他身上神秘的那一部分，与这座岛屿深邃的灵魂非常相称。他对香根草的热情就像对他的国家一样，是全心全意的，有时十分激烈。作为一个演说家和民权保卫者，皮埃尔喜欢释放魅力，他讲述海地的时候带着十足的力量和坚定的信念。他向我讲述杜瓦利埃家族的黑暗历史，洗白贩毒资金的秘密，为抢劫燃料卡车而被阻断的道路，地震后国际援助的纰漏疏忽，与对他个人造成打击的丧亲之痛。他还向我们吐露了拒绝成为海地共和国总统候选人的事，他是一名农业工程师，他的梦想是在海地恢复青柠精油的生产。青柠萃取产业在战后曾蓬勃发展，但由于破坏岛屿的毁林行为和工业活动的普遍衰退，萃取产业逐渐消失了。

皮埃尔的家位于太子港的一座山丘上，他和他的三只狗一起生活：乔治、科林和康多莉扎——这几位"伙伴"的名字令人一目了然，他与美国的关系在幽默和仇恨之间摇摆不定，但对于美国人在他祖国的所作所为，他的判断是不会改变的。皮埃尔是一个雄心勃勃的商人，也是一个多愁善感的人，他深深地爱着海地人民，他的项目非常多，为海地人民提供了许多工作机会，他在这方面的成就之大令人瞩目。他也很神秘，不愿意谈论成本、收益，他与他的对话者和公司都保持着一定距离。但我总是喜欢和他聊天，谈论他的经历和他的土地。我在海地总是会有阴暗与光明与共之感，一天晚上，当我向他表达这种感觉时，他非常严肃地对我说："永远不要忘记伏都教。在我们这里伏都教无处不在。这是一种遗产，一种传统，一种宗教。外面的人无法真正进入伏都教，但伏都教已经融入了海地人的生活。"伏都教是一种神灵崇拜，以前的奴隶从西非带回了各种信仰，伏都教是这些信仰发展的结果。它混合了万物有灵论和基督教元素，为整个社会所信仰，自 2003 年起被海地承认为合法宗教，在一些祈求食物、健康、爱情甚至复仇的仪式中，都有伏都教的影子。庆祝活动中有鲜花、蜡烛、朗姆酒，有时还有骸骨、被赋予某种意义的物体，信徒们通过这些物体进入被附身的状态。当皮埃尔跟我讲伏都教时，我心想伏都教在这个紧张而神秘的人身上一定有所作用。

在 20 世纪 50 年代末，香根草的名字因卡纷和娇兰的"香根草"香水的成功而家喻户晓。这些木质调且气味清新的香水让人想象不到其来源：这种精油竟提取自一种热带草本植物的根部。香根草这种看似普通的大块植物其实价值非凡，它们的根部能固定土壤、减少水土流失。香根草精油与广藿香精油类似，两者都是在 20 世纪初才真正被使用，但它们在香水业地位颇为重要，因为它们是不可替代的。天然的香根草成分很复杂，因而难以被人工合成。它产于海地的西南端，其精油的价格是广藿香的 8 倍，但用量却只是广藿香精油的 1/15。在价值上，它们在香水界的重要性是相当的。

与广藿香一样，早在香根草走进香水世界、迷倒一众调香师之前，它根部的香气就已为人所用。1750 年前后，法国人在其原产地印度发现了这种植物，并被这些植物的根部所吸引，它们交织在一起，浇上水后会使空气变得清新，房间里也会有香味。在手工艺品中使用香根草是种古老的传统，在海地和马达加斯加，这一传统一直延续至今。香根草编成的扇子可以连续数月散发香气。1764 年，香根草被引进波旁岛，即今天的留尼汪岛。香根草精油的首次生产可以追溯至 1865 年，但直到 20 世纪 20 年代，殖民者在岛上发展香草和天竺葵种植时，香根草精油生产才真正兴起。巅峰时期，留尼汪的产量相当于目前世界产量的 1/3，但第二次世界大战推动了一个全新而遥远的产地的兴起——海地，自那时起直至今日，海地一直是香根草的故乡。

两位人物造就了这一成功。1930 年，法国人吕西安·加诺首次将留尼汪岛的香根草引入海地，十年内他在海地建立了 4 个蒸馏厂。在他之后是路易·德茹瓦，他是带着远见卓识发展岛上农工业的先驱者。他深信香根草会为农民带来机会，于是立即大力发展种植园和蒸馏厂，并且在欧洲因战争而格外贫困的年代，着力确保为美国香水业供应精油。海地成为新的世界香根草中心，其他的产地因此被边缘化。

我对第一次探访印象深刻，三年后，我于 2014 年春又回到了海地，来评估皮埃尔蒸馏厂中新产品的质量，并考察我们在当地项目的进展。香根草种植园位于岛屿西部，这里聚集着莱凯、萨吕港和名字非常美丽的瓦什岛几个小城。萨吕港高地上的山丘描绘出梦幻般的风景，陡峭的山坡上覆盖着香根草种植园，绿色的叶子和十分适宜种植植物的白色石灰质土壤交替出现。几棵棕榈树和椰子树，几座小房子，棕榈叶铺成屋顶的小木棚用来储存香根草，最下面是碧绿的大海。我们到了德布赛特村，走到尘土飞扬的白色小道尽头，我们就可以俯瞰大海了。四年前，皮埃尔选择在这个村庄建立合作社，目的是提高村里种植者的收入。种植园已经获得了"有机"认证，收编了许多农民在此工作，我们也能以最划算的价格收购香根草，把它们留给大牌香水公司，因为大牌香水对原料产地透明、社会道德规范和环境保护的要求更高。津贴的一部分给了合作社，用于发展村庄需要的项目，合作社成员选择的第一个项目是一所学校。

　　我提议让哈利陪伴我进行这次旅行，我需要他在嗅觉方面的专业知识，他熟悉工厂为我们生产的精油的所有特性。哈利来自戛纳，现在是纽约的调香大师，他是雅克的老朋友，也是业界的明星。他沉默寡言却充满好奇，他对植物和花园的热情不亚于对香水的。他能够唤起劈开的橡木的香气，这种气味或多或少带有点潮湿和发酵之感，他还能够创造火或烟的味道。他成功地在新泽西州的花园里种了一切：从广藿香到茉莉花，以及各种的柑橘类植物。我们对木料和树木有着共同的热爱，哈利对我也很有好感。我们在岛上待了3天，他任由自己发挥对天然产品的敏感，以回想起香根草的味道。他与我分享他发现这些植物根部的乐趣。他比照了香根草和广藿香，他将这两种香调都描述为原始的、初始的、人性的，它们就像火焰一样必不可少。当然，二者都有木质香，但它们非常不同，香根草更温暖，而且复杂深邃。最后他说，香根草和广藿香的结合是庄严的，让人想到大地。哈利来到这里，就是为了闻一闻土地中根的味道，他兴奋得一直颤抖。

　　我和他观察从田地里"挖掘"香根草的过程：三位农民用镐头挖出一丛绿色长茎的植物，他们摇动土块，切下根须，用砍刀分割根部。在这些男人身后，两名妇女正在重新种植切下的部分，这是一株新的植物，生长周期为一年，若想获得富含精华的根系，这是必要的生长时间。在陡峭的山坡上，在毒辣的日头下，这项工作很辛苦，但对于那些能以这种作物为生的农民来说，这是种幸运。他们没有流亡到太子港，他们知道自己躲开了什么样的命运，在太子港，苦难无穷无尽。我记得在一次我们一起接受的采访中，皮埃尔对一位记者的回答，那是一个关于海地情况的问题，他戏剧性地回答："海地的情况很糟糕，但香根草的发展很好，它的精油养活了五万个种植户家庭。"

我们从农民那里借了一把镐头，也想尝试一下。我挖了几下，很快意识到要避免不必要动作。孩子们笑着看我，太阳在燃烧。哈利接替了我，他很开心，因为陪我去海地实现了他的一个梦想：在远离新泽西的一个花园中，在挖出后立即在手中滚动并压碎香根草的根部，闻一闻它的香气。"这的确是土地的表达。我从未闻过这样的香根草……"哈利是这方面的能手，是精通调香的行家，他创造了"灰色香根草"——这是汤姆·福特的一款香水，是该品牌大受欢迎的名香。

在附近的田地里，挖掘过后，妇女们正在劳作。她们徒手在地里寻找男人们挖掘后留下的所有根须，因为每棵香根草都很珍贵。我们加入了她们。她们坐着翻搅土壤，抖掉根上的小土块，装满一个袋子，之后再到几米远的地方重新开始。我想起了印度人用木犁在茉莉花田中耕作的画面。与世界各地的农民共处的这些时间从不会令我厌倦。若从未在雨中采过玫瑰，从未亲手挖过香根草，如何能理解这个职业，如何能理解香水的来源呢？哈利还在闻香根草，根须轻触着他的鼻子，他眯起了调皮的眼睛，幸福照亮了他的面庞。我们满头大汗，对视了一眼，却无须言语。我们拿着镐头，手在沾染了香根草香气的灰色土壤里翻搅着，这段记忆我和哈利都会一直记得。

在我们田地上方的小路上，一群身穿彩色长裙的女性撑着阳伞走过，步态中流露出加勒比女性的自然优雅。我们与皮埃尔资助的新学校孤零零地伫立在小路的尽头，它迎接了来自周围三个村庄的几百个孩子，他们穿着校服，美丽又光鲜。学校很简朴，如何保障师资和饮水是学校一直以来的难题。孩子们很喜欢他们的学校，我们在巴黎为他们收集书籍，现在学校里有一个小图书馆了。我在两种感觉之间摇摆：一方面，我因实现了一些小成就而感到满足；另一方面，又觉得这所学校能提供的帮助实在微不足道，尤其考虑到这里缺乏政府管辖，民生需求只增不减。这种残酷的情形和马达加斯加的情况不相上下。在世界贫困排名中均有这两大岛屿，它们常年与穷困相伴。

皮埃尔的蒸馏厂设在莱凯。这是海地最重要的蒸馏厂，是城市之肺。工厂里安装了一个水池，向过往行人提供用水，工厂设施齐全，保证了员工的所有医疗服务，内部还有一个银行分行。庞大的建筑内有几十个大型蒸馏器，周围堆满了小山一样的香根草。香根草从运输卡车上卸下后，要在一片足球场大小的空地上晾晒，几十名工人用叉子将它们铺开，他们将捆成束的香根草扔向天空，以甩掉从田地中带来的泥土。劲风忽至，吹起地上的尘土，在阳光的照射下，尘埃好像在跳芭蕾一般舞动。香气在微风中飘散，轻盈而温暖，比在蒸馏器周围闻到的更甜。若要收集棕色草根中的高质量精华，24 小时的蒸馏必不可少，工厂长期面临的挑战是，如何用足够的原料装满这些罐子，以使蒸汽的成本有所回报。最初罐子里装满了干燥而轻质的根茎，之后要将它们压实，这是一个五人小组的工作。当十米高的蒸馏器被填满时，工人们爬到原料上面，将其向底部压，能再装进越多的根茎越好。一天，我想和他们一起上去，我们开始互相扶着肩膀一起踩压根茎，引发了一阵阵疯狂的笑声。为了配合我们的踩踏，他们开始用克里奥尔语唱歌，人们一直笑着，这是最令他们开心的时刻。我非常喜欢这个场景，我保留了一张有些模糊的照片：在蒸馏器上，欢乐的工人们围着我，我忍不住回忆起自己年少时踩踏葡萄的场景。

在庞大的蒸馏器脚下，一切都阴暗而狭窄，崭新和过时的装备交替出现。又是这种从光到影的转变。在正在蒸馏的大型蒸馏器的脚下，哈利看着凝结的水饱含着满满的香根草精华缓慢流动。在工厂参观的每个阶段，香根草的气味都是不同的，他找到了精确又能引人联想的词语来描述它。它可以是温暖的、棕色的、烟草味的、粉状的土、木质的、蜂蜜的、悠长的、上升的……它有雪松的一面，干燥但温和，又有腐殖质的一面……调香师丰富的词汇以及他们对词语的联想令人震惊，似乎他们深邃的感觉迫使他们有了这种创造性，他们才能借此与人分享和交流。

最后，皮埃尔为我们打开了收集和过滤澄清后的精油的房间。所有的蒸馏器都通向这里，这里是圣地中的圣地。气味浓烈到让我头晕目眩。哈利闻了一瓶皮埃尔递给他的新鲜精油样品，他感到震惊："它太完美了，就像刚走出土地一样！"对于这些浓郁而丰富的精油来说，新鲜这一概念是十分重要的——它关乎深沉香调的复杂组合，能够为产品赋予灵魂。

在他的办公室里，皮埃尔向哈利展示了不同的馏分以及不同的质量，这是一个测试项目的结果，在该项目中，蒸馏参数、香根草的年龄和它们的洗涤程度都各不相同。蒸馏师关注着调香师，想知道调香师是否会认可，同时要小心不能提供过多关于目前所用工艺的技术信息。不论是香根草还是其他植物，皮埃尔喜欢保持神秘。

在那几个小时里，我感到哈利一直沉浸在草根的气味、农民的姿势和蒸馏厂里流动的精油之中。所有这些都与他目前项目中的几十项尝试相呼应。他将一捆草根放在行李中带走了，自此之后，用来保存这些草根的瓶子一直陈列在他的办公室里。

　　哈利回了纽约，我和皮埃尔多待了几天。我观察着村庄和小城里的人，惊奇地发现人之美和生活之美竟巧妙地结合在一起。人们的衣服、集市、小商店、房屋，一切都色彩斑斓。加勒比海天空下的美丽和苦难相遇于此，这个岛屿的生机之泉是什么？海地永远是那样神秘。

　　我仿佛一下回到了十年前，回到了非洲，回到了与远离家乡的皮埃尔那次愉快的会面。2004 年，在大屠杀后的十年，我在卢旺达见证了香根草和广藿香令人惊奇的结合。我来评估广藿香种植园的项目，这些项目受到当局支持。受邻国布隆迪项目成功消息的吸引，卢旺达人也想在自己的国家发展精油。当地的一位企业家建立了苗圃并种植了一些广藿香，一位客户要求我评估这些作物的潜力。一天，农业部的顾问建议我参加在新种植园中进行一个推广课程。到达之后，我惊讶地发现海地的香根草巨匠皮埃尔也在。那时我还没有去过他的家乡，我是在他来欧洲向调香师介绍他的精油时结识了他。他站在广藿香田边的一个货物箱上，面对着 50 多名专心致志的农民发表慷慨激昂的演讲，讲述这种作物将为卢旺达和非洲带来的机遇。远离他的香根草故土，皮埃尔扮演起了推广香根草伟大事业的代言人。不知从何而起，在我惊讶的目光中，他成了一个坚定不移的民权保卫者，一个鼓舞人心的演说家。我听着这位精油界堂吉诃德的讲话，他希望看到随着广藿香的种植，卢旺达农民能够加入香根草挖掘者的行列，从而过上更好的生活。他坚信，非洲将是精油的下一个理想产地，他想说服他的听众，并梦想加入这场冒险。

　　当我们俩在海地交谈时，有时他会提高嗓门表达观点，我又在这里看到了皮埃尔的老样子：他那强有力的声调和激昂的语气与他站在大湖区美丽土地的货物箱上的身姿。不论皮埃尔是否意识到，他都在以自己的方式，用他那带着伏都教神秘色彩的方式，庆祝香根草和广藿香的结合，他是地球上种种香气美妙结合的预言家和香水植物事业伟大的组织者。

美洲山脉中的火把

萨尔瓦多的秘鲁香脂

"**我**进入了森林，几乎在不知不觉中被树木吸引，它们有种难以抗拒的魔力。树木散发出如此强大的能量，我感受到了它们的慷慨，觉得谦卑而幸福。抚摸着灰色树皮，其触感令人愉悦，我走近了一处灰色的痕迹，香脂的味道让人驻足。我独自和树木一起度过了近一个小时，失去了时间的概念。很少有比秘鲁香脂更吸引人的产品。我既喜欢它美食调的一面，也喜欢它木质调的一面。秘鲁香脂首先是香草味的，它的木香是金色的，一点都不阴暗，相反，它有一种高贵的柔软。"

玛丽是一位出色的调香师，有时也是我的旅伴，她刚刚从萨尔瓦多回来，她在那里陪同一位重要客户时发现了藏在安第斯山脉中的秘鲁香脂。她为娇兰、阿玛尼和莲娜丽姿创造了众多华丽的香水。她是圣罗兰"黑色奥飘茗"香水的主要调香师之一，她热衷于广藿香，这是一种有香脂气味的木质香调。我喜欢她对产品展现的那种特别的敏锐，她坚定而温柔的目光，以及她震撼人心的评论。在巴黎，我坐在她对面，听她讲述她与香脂邂逅的故事。听着她分享内心的情感，我仿佛被带到了安第斯山脉的道路上，那些留存在记忆中的场景又再次浮现。那流金木质的形象诱惑着我。"对我来说，秘鲁香脂如同糕点一样可口，亲切而温暖。它不太用于调香，但我觉得应该为它正名，应该使劲儿用它！"玛丽感到遗憾的是，有关过敏原成分的规定使秘鲁香脂在香水业中的用量非常受限。

"于是我决定进行一个新项目，用其他天然成分重现秘鲁香脂的气味，突出它所有的特征，就像一幅专属于我的画作，我将用蜡笔突出标明某些图案。"她将用什么原材料？肉桂、檀木、雪松、可可、安息香，她笑着回答："如果没有踏入森林，我永远不会有这些想法。"

秘鲁香脂的生产商是很难找的。他们隐居在萨尔瓦多的山中，神出鬼没，他们的住所看起来比周围的大树还要古老。十年前，我第一次拜访他们时发现了香脂机，这是每个生产单位的核心装置。在一个粗糙的机罩下，我看到了由绳索和木片、螺丝、横梁和滑轮组成的机器，这让我不自觉地想起西班牙征服者的时代，仿佛这是克里斯托弗·哥伦布或科尔特斯的下属经过时安装的，五百年来未曾改变。这让秘鲁香脂变得神秘而吸引人。

与香草一样，香脂的现代史始于欧洲人对美洲征服。他们发现，中美洲人用一种从树上渗出的香脂作为愈合伤口的良药。这种香脂相当有效，而且味道非常好闻，所以人们接受了它，并将其列入一长串的美洲产品名单之中——欧洲从 16 世纪起发现的美洲产品。香脂一直是当地的一种天然药材。人们从一种名为秘鲁香树（*Myroxylon pereirae*）的树木上收集它，如今这种树木只存在于萨尔瓦多和尼加拉瓜的山区，它从未在秘鲁生长。它的名字是西班牙人所起，因为它是通过利马港出口的，而利马是秘鲁王国的首都，所以叫它秘鲁香树。如同暹罗安息香，这些产品的源头遥远而神秘，只有到达装船口岸后，它们才引起欧洲人的关注。奇怪的是，长期以来，香水界已经习惯了这些荒诞的、不准确的名称。尽管保护了这些香料真正的源头产地，让这些并不准确的名字能一直存续下去，却也表明人们缺乏起码的好奇心。自 18 世纪起，香水的世界——精致并充满创造的世界——似乎逐渐与原料的世界拉开了距离，原料太遥远、太乡土了。但当商人和大型香水公司选择在原料产地建立分店时，这种疏远促成了他们的成功，尤其是在格拉斯。

2016 年，我再度造访萨尔瓦多，与艾莉莎见面，她是一位年轻的危地马拉女性，在她的国家创立了一家芳香精油生产公司。她充满才华，意志坚定，她在法国学习化学和香水，与一名法国工程师结婚，并克服了所有障碍在一个困难重重的国家创建起新业务。在没有任何经验的情况下，她开始种植广藿香，并建立了一家蒸馏厂。我参与了她项目的制定，并从一开始就跟进项目的进展。如今，她成功地生产出了小豆蔻和广藿香精华，近几年来一直热衷于使该地区的香脂增值：洪都拉斯的安息香和萨尔瓦多的秘鲁香脂。

艾莉莎希望让农民和当地的社群参与到她的成功中来，这些人对自己的贫穷、文盲和孤立状态感到不满，但这是其他中美洲国家有意孤立他们而造成的。艾莉莎直接从生产者那里收购原料，收购价格足够他们维持生计了。艾莉莎是医生的女儿，她为香料工人购买医疗互助保险，并保证收购他们所有的产品。很明显，这种方法充满了革新意义，但任务是艰巨的。艾莉莎以不屈不挠的决心前进，她拒绝在实践道德方面做任何妥协。

在萨尔瓦多，人们把出产香脂的地区称为"香脂山脉"，我再度来到此地，是为了参加一家法国电视台的采访拍摄。这个采访拍摄需要在某个偏远地区跟随一位精油研究者，参与"发现"新原料的过程。起初我并不情愿，我怀疑电视台是否有能力还原这些故事，或者会不会为了使其更具吸引力而不惜一切代价扭曲它们。最终我被说服了，相信这对采脂工及他们非凡的职业来说将是一次绝佳的展示机会。

艾莉莎的公司总部位于安提瓜岛，安提瓜岛是危地马拉的古都，是殖民时期的瑰宝。我们从她的公司总部驱车六个小时前往她的合作社，她的合作社在圣胡利安港之上的高地上，我们在一条热带植被中的狭窄小路上行进，直到抵达生产者简陋的房屋。合作社的主任正在一群采脂工的陪同下等我们，他们恭敬地排成一队，帽子拿在手里。穿过巨大的竹林，就能看到被森林覆盖着的山脉：我们正处于香脂山脉的核心区。生产车间位于一个丛林茂密的山谷高处，每 20 米就有一两棵秘鲁香树。这些雄伟的香树有 20—30 米高，树龄至少有 80 年。随着时间的推移，它们长势惊人，灰色的树干在几十年产香脂的过程中形成了凹槽。

采脂工是独立工人，他们为树木的主人工作，可以分到一些收成。50 多岁的富兰克林是一位经验丰富的采脂工，我第一次来这里时就认识了他。他那消瘦的脸上有一双阴郁的眼睛，他无论做什么都戴着他的白帽子。他瘦得像根电线杆，15 岁起就开始爬树采脂，继承他父亲教他的工作。他用歌声般的西班牙语讲述了采脂工作的危险和艰辛。采集秘鲁香脂大概是我在游历中遇到的最令人印象深刻的活动了。富兰克林在地上准备好他的材料：绳索、一个秋千座椅、一把纸板扇子、一把刀、一捆碎布和一捆将用作火把的柴。柴捆由秘鲁香树的小树枝制成，因为这种木材燃烧缓慢且火光明亮。他将柴点燃，等它充分燃烧后把它和其他装备一起背在肩后，走向香树脚下，脖子后是一缕青烟。他将绳索抛向高处的树杈并套牢，然后开始光着脚往上爬。他攀爬到约 15 米高的地方，坐上悬在空中的小座位上。在他的肩后，火把一直在冒烟，现在他可以开始工作了。为了获得香脂，必须对树木进行刺激。富兰克林切开树干，扯下一块树皮，他拿着火把，用扇子把火扇旺。他仍坐着，双脚踩着树干，将燃烧的火把在裸露的树木和周围的树皮处来回移动，这种灼伤将促使香脂流出。必须目睹这些过程，才能理解香脂"采集者"的工作是什么，以及他们在森林中的生活是怎样的。现在，富兰克林将碎布敷在被灼烧后的区域，四周被扯下的树皮正好可以将碎布托住。两三周后，碎布上就会浸满香脂，他会重新上树进行收集，香脂一部分在碎布中，另一部分在小块树皮里。之后他会在树干上选择十多个分布合理的地方，重新开始相同的工作。和在老挝一样，萨尔瓦多的采脂工知道怎样在不危及树木的情况下向其索要馈赠。一棵被采过脂的香树第二年不会再被采脂，这种智慧让百年老树也能得到可持续的开发。采脂工知道如何管理他们的香树资源。他们的生活依赖于此。

收获物会被运到车间，即一间有铁皮屋顶的水泥板作坊。我们将从这些碎布和树皮中提取出珍贵的芳香液体，首先将其煮沸，之后进行压榨和浓缩，由此富兰克林的采脂所得就加工为可供销售的香脂。压榨是手动完成的：一个工人推动一块巨大的木板，这块木板是一个压着篮子的杠杆力臂，篮子由缆绳组成，受到挤压后，挤出的混合着香脂和水的液体会慢慢流到一个盆中。在这一操作流程中，先处理碎布，再处理树皮。这些混合的液体之后会被加热，直到蒸发出所有水分，得到纯净的糖浆状液体，工人会在玻璃上滴几滴液体，观察其流动性来评估黏稠度。天然香脂有一种美妙的香草味，温暖中带有焦糖的味道。这些香脂随后会被制成精油或香脂，其气味的持久性让它成为配方中出色的固定剂，它很适合与花香和檀香调和在一起，和檀香尤其相衬。

压榨过程和树上的工作一样令人印象深刻，这是一种超越时间的奇观。似乎长久以来，人们早已找到生产方式和收入之间的平衡，他们能够充分利用自然资源，其余一切都不应该成为干扰因素。为何仍有人愿意在这样的条件下工作呢？

从树上下来后，富兰克林在树荫下抽着烟，向我讲述这份工作。他首先跟我讲了这份工作的危险，从树上坠落的情况很罕见，但也会发生，主要是因为固定采脂工所坐木板的吊钩断裂。在过去的两年中，艾莉莎让人用钢钩代替了传统的铁筋混凝土吊钩，而且她的公司为合作社的所有工人购买了医疗保险。对于这里的年轻男孩来说，爬树采脂几乎是他们未来唯一的出路。富兰克林说："若你想生存，就要做香脂。所以我们教年轻人采脂，但要保证价格和销量的可观，才能让年轻人真正相信干这一行能有未来。在过去的多年中，香脂价格一度非常低廉……"多年来，市场上香脂的质量持续下降，价格也不断下跌。产业对采脂工的压榨就像他们挤压充满香脂的碎布一样。整个行业对他们都充满冷漠与疏忽，欧洲和美国的买家任由这一产业落到当地的中间商或经纪人手中，这些人对安第斯山脉工人的命运毫不关心。秘鲁香脂的历史险些到此为止。然而，香脂产量下降导致了库存严重匮乏，两年来其价格又急剧上升，买家的利益因此受损。艾莉莎为此准备已久。她的合作社做出承诺，向客户明确表明：只要愿意付对等的价钱，合作社可以提供纯净且有源头保障的秘鲁香脂。对她来说，产品的质量与采脂工的辛勤劳作密不可分，不可能只注重其中之一，而忽视另一方。

　　电视节目的拍摄持续了三天。团队强调其核心主题：采香者前去寻找新产品，人们不知道他是否能成功……我感觉被迫扮演起了"萨尔瓦多的丁丁"[1]，起初我对自己非常怀疑，直到艾莉莎和我想到了一个主意：树皮上残余的香脂。

　　香脂机压榨过后的树皮碎片仍然很香，这种残留的香气令人惊喜，给香脂的经典特性中又增加了花香。艾莉莎工厂中刚刚安装了新设备，因而可以用酒精萃取这些"用过的"树皮，我们是最早这样做的工厂。这种做法很有意义，我喜欢给玛丽带回新的样品，它是这片热带森林的一小部分，玛丽非常喜欢这片森林。富兰克林和年轻的采脂工学徒在影片中的对话非常动人，导演深深地被树木和香脂机周围的美丽景象所吸引。为了跟踪萃取的后续，团队在危地马拉的工厂里又补拍了几个镜头，之后的镜头记录了采香者"丁丁"离开的身影，他的口袋里装着样品。

　　最后的拍摄场景在巴黎，在我们的公司，我给玛丽展示了"树皮香脂"的样品，她觉得其气味动人，与经典的香脂不同，它有新的一面——在温暖的木质调中夹杂着一抹花香。她细闻我带来的样品，眼神中显示出她找到了在森林中的感觉。一种来自已知产品的

[1]《丁丁历险记》（*Les Aventures de Tintin et Milou*）为比利时漫画家乔治·勒米（Georges Remi）（笔名：埃尔热）所创作的漫画作品，自 1929 年 1 月 10 日起在比利时报纸上开始双周连载。丁丁是漫画中的主人公，一位年轻的比利时记者。——译者注

新诠释，这经常是调香师所偏爱的，即在熟悉的架构中引入一种新的香调。当我们谈论调香时，玛丽总是强调，如果你去香料生长的地方亲自触摸、采摘、揉捻一番，就会明白这天然的香气与装在瓶中的香精是两码事。这与法布里斯、雅克、哈利这些来自田间的调香师曾说过的话不谋而合。他们不约而同地羡慕我的角色，若他们自己也能偶尔做一个探源者，那也是一件幸事。

几个月后，我回到了中美洲。艾莉莎和她的丈夫让-马利的公司正在发展壮大。让-马利四处游历——到洪都拉斯寻找安息香，到秘鲁寻找粉红胡椒。他们在危地马拉的丛林中发现了一个依兰种植园，他们醉心于玛雅香草，并梦想着能找到真正的吐鲁香[1]，一种隐匿在哥伦比亚某个角落的香料。

他们的热情深具感染力，他们的智慧、能量和雄心描绘出了未来天然原料生产者的特征。他们深信善待并好好酬报当地生产者是他们成功的首要条件。聆听他们的故事，我自然地联想到了万象的弗朗西斯，在地球的另一边，他们与弗朗西斯踏上了同样的道路。

艾莉莎提醒我，萨尔瓦多的情况正在恶化。萨尔瓦多的黑帮马拉斯（maras）原来只贩毒并在市区犯罪，现在他们似乎开始对香脂贸易感兴趣。他们到圣胡利安威胁、诈骗香脂批发商，直到局势

---

[1] 吐鲁香（baume Tolu）是吐鲁香树的油树脂，产于哥伦比亚、委内瑞拉等地，因旧时在哥伦比亚托卢港（旧译吐鲁港）集运出口而得名。——译者注

不可控制——发生了第一起枪杀事件，就在我到达前一个月。她面不改色地把黑帮马拉斯事件讲给我听，好像它只是一场热病，怎么来的终会怎么去，那份冷静令我敬佩。萨尔瓦多是一个暴力且悲惨的国家，是世界上最反对堕胎的国家……那里妇女的命运尤其凄惨。

我们又开了几个小时车，一直开到山脚下，然后走到了生产站，富兰克林在那里等我们，他的儿子们也在。我们在香脂机旁畅饮聊天，大盆里冒着烟，香脂在加热。我想到了玛丽说的话，第二天我也想扛一捆柴火在肩上，用作火把，去看看秘鲁香树。富兰克林跟着我，他看到我扛着没有点燃的火把，觉得很好笑。我们停在一棵美丽的香树脚下，我告诉他，我很钦佩他能够将燃烧的火把扛在肩上。"你知道吗，在安第斯山脉，火把就是我们的生命。点燃它们就会获得香脂，就能赚取食物。火把熄灭后就再也没有任何用途。点燃时，只要不烧到自己，它就能让我们获得生计。"

被献祭的森林

圭亚那的蔷薇木

据估计，在欧洲人到来之前，大约有 2000 万头大象生活在非洲。根据 2014 年的统计，如今大象的数量只剩下当初数量的 2%。按照目前的屠宰速度——每年 2 万头，到 2022 年生活在非洲的大象数量将是欧洲人来到这片大陆时的 1%。大象这一公认的动物界奇迹之一的物种，在短短的两个世纪内，就被人类消灭了 99%。

在植物王国，美国人只用了一个世纪就在美国西北海岸的红杉——这一雄伟的巨人——身上造成了同样的恶果。这些雄伟的树木是世界上最大的物种之一，能够存活超过两千年，无疑构成了地球上最美丽的原始森林。1849 年，加利福尼亚的淘金热促使对建筑木材的需求增长，进而导致对成片红杉的砍伐，砍伐面积与科西嘉岛差不多大，砍伐一直持续到 20 世纪 50 年代，如今残留的原始红杉只剩下 1%。

大象和红杉是世界之美的象征，但它们却以可怕的方式展现了 19 世纪的探险家和殖民者与大自然的关系。彼时人类刚刚完整地认识了世界，危险且充满敌意的自然被看作一种无限的资源，它成为大规模征服的对象和承载无限贪欲的地方。虽然有许多作品都展现了非洲猎人或美洲猎人在面对庞大兽群时的心理感受，但没有任何一部作品——即便是那些描写中恶意最少的作品——提及"动物的数量很有限"这一概念，没有作品提到大象，也没有作品提到野牛。直到一百年后，屠杀般狩猎的照片才开始引起恐慌。美国的伐木工也是如此，伐木工的故事尤其触动我，因为我父亲也曾当过一段时间的伐木工。1950 年，他在加利福尼亚的克拉马斯瀑布伐木，其中一些被砍伐的树木就是原始红杉。我父亲很喜欢树。他曾跟我讲，那时候他只顾着抱怨砍伐红杉、运输红杉的条件艰苦，他和工友都从没想过森林资源会有枯竭的一天。那象征性的 1% 在我头脑中回响，这个数字敲响着最后的警钟，让人就像站在悬崖边缘一样。如今幸存的红杉在大型公园中成为神圣的物种。1% 是个令人心惊目眩的数字，这个数字能否再拯救大象？是否存在这样一个界限，一旦越过它，人类就会有意无意地放下枪杆，不再用贪婪、走私、痛苦以及无意识去大肆地掠夺自然？

香水业中也有其"大象"和"红杉"，有遭遇重创且濒临枯竭的珍贵资源。2002 年，我追随一个著名故事的踪迹来到卡宴。人们已经快淡忘发生在 20 世纪上半叶圭亚那的惨剧——蔷薇木被大量摧毁。直到 1997 年，一则媒体报道才把这种树重新带回了聚光灯下。一个名为"罗宾汉"[1] 的非政府组织发起了一场媒体运动，控诉一个享有盛名的奢侈品品牌，该品牌的香水中含有蔷薇木精油，这种精油的使用加剧了亚马孙河流域的森林砍伐，而这款香水

---

[1]　罗宾汉（Robin Hood）是英国民间传说中的侠盗。他武艺出众、机智勇敢，仇视官吏和教士，是一位劫富济贫、行侠仗义的绿林英雄。——译者注

就是享誉全球的五号香水。该品牌因使用濒临灭绝的树种的精油而被指责。《解放报》的头版刊登了一篇文章，内容是奢侈品行业破坏自然，当天的报纸因此大卖，这也反映了公众对重大环境问题越来越敏感，其中亚马孙森林和滥砍滥伐一直是人们关注的焦点。事实上，制作五号香水所用到的精油和消耗的蔷薇木材非常有限，相当于每年只有四五棵树。然而，媒体的负面报道却对品牌形象造成了毁灭性打击。该品牌对此非常重视，与"罗宾汉"进行了交谈，最终达成了一项协议：品牌承诺在亚马孙地区植树，种植数量要远高于其消耗量。我的公司负责这一承诺的总体实施工作，于是将种植四公顷蔷薇木的项目委托给国家林业局的圭亚那分局。

在项目实施四年后，我来到卡宴评估进展。重新种植制香水所用的木材虽然还是个很新的概念，但我已预感到，以种植木材代替砍伐野生林无疑将成为一个重要议题。人们认识到了热带森林的脆弱性，这使香水成为一个理想的试验领域，因为制香业对木材的需求量相对适中。因此，卡宴这个规模不大的项目是个历史的转折点，是行业中的先行者，它重新种植了六十年前因制香而被消耗掉的树木，颇有象征意义。

"蔷薇木"（bois de rose）这个名字指代几种热带树木，意指其木材的颜色或味道。马达加斯加的蔷薇木没有任何气味，它可以用来制造中国人喜爱的高级家具。在南美洲，另一种蔷薇木自 17 世纪起就被欧洲人所熟知并追捧，因为其木材十分美丽，可制作镶嵌工艺品，它就是蔷薇管花樟（*Aniba Roseadora*）。其雌性树种有种特殊的属性：树木中富含一种精油，其90%以上的成分是芳樟醇，这是一种常见于天然植物中的芳香成分，尤其是在薰衣草和香柠檬中。这种树的精油闻起来相当绝妙，在天然、细腻、微妙、温和之中又夹杂着独特的清新感，远胜于人工合成的芳樟醇。蔷薇木从木器工人的手中到了调香师的鼻子下。1875年，蔷薇木精油的蒸馏于格拉斯首次完成，从此它在芳香气味中占有了一席之地，甚至拔得头筹。蔷薇木精油的大获成功启发了人们到殖民地去寻找原料。首批蔷薇木来自圭亚那：亚马孙森林北部的这片区域适合蔷薇木生长，并且是高质量精油含量最丰富的树种的家园。很快，两家法国公司在卡宴建立，他们开始组织木材开采和装船并负责将几百吨原木和去皮的树干运抵戛纳码头并卸载。

这种精油的出现对蓬勃发展的欧洲香水业来说是个机遇，因为它可以广泛使用，于是它在配方中开始大量出现。它的风靡让人们迅速开展起蔷薇木精油贸易。卡宴的第一批蔷薇木的蒸馏始于1890年，当时使用的工具是当地用于生产甘蔗酒"塔菲亚"（Tafia）的蒸馏器。直到1900年其产量都一般，每年能生产1—2吨精油，但随后，生产速度很快就上去了。1912年，7家蒸馏厂消耗了5000吨蔷薇木，生产了50吨精油。一场令人瞠目结舌的伐木行动如火如荼地开展起来，人们在森林里砍伐了数千吨蔷薇木。此事的后果却是致命的。

在 19 世纪中叶，一批淘金者和伐木工进入圭亚那的森林。进入森林的唯一路径是逆流而上，主要是沿着阿普鲁亚圭河与奥亚波克河。人们原本是为了寻找黄金，但黄金难觅，于是这群森林冒险家转向寻找巴拉塔树胶，这是种弹性低于巴西橡胶树的橡胶，但它具有强大的绝缘性能，适合用于蓬勃发展的电力行业。20 世纪初的记录表明他们的实际做法远非有节制的"采脂"，而是一次性榨干，任由其死亡。人们认为森林就像一座矿山，也就以这样的心态对待森林。对蔷薇木的需求导致人们十倍于前地砍伐生长于河边的蔷薇木，因为这部分资源最易开采。要砍伐这些大树，并将其劈成约 15 千克的木柴，这是相当大的工作量。当堆积在河岸上的木材足够多时，砍伐者就将河流拦截，将收获的木材放入河道中，再放出蓄水，以使新的水流将木材带到尽可能远的下游。浮运木材是森林中的一项传统技能，但在圭亚那森林的条件下却是极其困难的：热病、毒蛇和饮食匮乏——蔷薇木的砍伐工常常饱受苦难，有些甚至是真正的苦役犯。不论是出逃并在森林中寻求庇护的苦役犯，还是自愿工作的苦役犯，都是卡宴历史的一部分。那几年间，开采最高效也最节省成本的方法是砍伐最靠近滨海地带和河边的蔷薇木。但砍伐速度是如此之快，以致采伐者越来越深入森林。他们开始砍伐距离河岸 3—4 公里处的树木。除了最初的工作外，这些筋疲力尽的工人还要将木材背起运送至河边，每组四五根，每 30 米休息一次。

第一次世界大战后，对蔷薇木精油需求的增加促使精油供应的组织方迈出新的一步：人们发明了"浮动水力蒸馏厂"。这项发明已获专利，是一种能在河流上研磨原木并进行蒸馏的驳船，这样只需运输精油而不需运输木材，是从 1—100 的经济规模的跨越。这种机器来自城市地区，1926 年，圭亚那的浮动水力蒸馏厂的数量达到 10 座，这一年也是创下各种纪录的年份，精油产量超过 100 吨。我试图想象在圭亚那森林中砍伐、研磨并蒸馏 1 万吨木材。那时工作和生活环境的艰苦远远超出了我们今天的想象，因此很难让自己身处巴西橡胶树采脂工或蔷薇木伐木工的世界中。他们习以为常地接受为亚马孙森林的滥伐所付出的高昂代价，这些"森林矿工"是滥伐树木首当其冲的受害者。但他们也只是行业中的指令执行者，而真正操纵一切的整个产业却选择漠视资源的保护与管理。

在 20 世纪 20 年代，圭亚那还尚未察觉，但蔷薇木精油资源已开始枯竭。从 20 年代末起，精油产量急剧下降，伐木工要进入更远更深的地方才能找到蔷薇木，其数量非常少，价格也非常高。蔷薇木一直残存至第二次世界大战期间，在此之后其产量就几乎为零了，卡宴的最后一个蒸馏厂于 1970 年关闭。2001 年蔷薇木精油的蒸馏被正式禁止。五十年间，原本可获取的资源就这样消耗殆尽了。取而代之的是合成芳樟醇的普及，这是 20 世纪 70 年代香水业发生巨大变化的例证，即合成物质大规模替代天然精油。

战后，巴西接替圭亚那进行蔷薇木精油的生产，其精油产自一种与圭亚那树种相近的植物，但质量较差。巴西也遇到了相似的毁林问题。当局逐渐意识到这一问题，开始强制要求重新种植，但该规定从未被遵守。之后当局又大幅度限制砍伐，并将该树种列入《濒危野生动植物种国际贸易公约》名单中，这是一个监管濒危动植物贸易的机构制定的名单。如今在巴西，蔷薇木精油生产被严密监控，产量也大幅减少。这种精油离开了调香师的调香盘，这令他们非常遗憾。

我在卡宴的这次冒险难以用语言描述。离开城市时，我有一种在亚马孙森林边缘的感觉。很长时间以来，原始森林的所有痕迹都已消失于这片景色中，现在到处都能看见或高或矮、或疏或密的次生林。一位林业技术员带领我去距卡宴一个小时车程的地方参观新种植的植被。我们到达示范区时正下着倾盆大雨，在因雨季而形成的植被海洋中，这位护林员用砍刀开辟出一条通道。年轻的树木排成一排，略高于灌木丛和藤本植物，它们应该有 4 米高，树干并不比十字镐的柄粗。不是所有的树木都能在热带地区快速生长。

蔷薇木质地紧密、颗粒细腻，且生长缓慢，在生长期的前 30

年不应被砍伐。我边走边推开杂草和藤蔓，浑身都湿透了。在其中一棵年轻树木的脚下，我想到了仅仅一个多世纪以来被残忍砍伐的数万吨树。

亚马孙的生物多样性给大量需要植物的行业带来了很多幻想，诸如食品、化妆品和药品等。香水业也不甘落后，调香师经常问我有什么木材、鲜花、浆果或是水果，能作为新的香料加入他们的调香盘。虽然回答可能有些令人吃惊，但经过多次研究和佐证，在香水中大量使用的亚马孙森林产的原材料仅限于三种精油：零陵香豆树被保存下来了，因为它的果实有价值；收集苦配巴油（copaiba）不需砍伐树木，在树干上定期钻孔让香液流出即可，不会危及树木；蔷薇木却极其不幸：其香精保留在木质纤维中，要收集香精就要砍伐树木，因而它难逃一劫。

人们从认为"森林是矿山"到认为"森林是花园"的思维转变花了几十年。我们将如何对待这片人工林呢？植树造林仅仅是对媒体指责的反击，还是圭亚那蒸馏业再次复兴的可能？该品牌好好做事的意愿是有目共睹的，多年来，该品牌也在投资格拉斯的玫瑰和茉莉花种植，是复兴香水历史文化遗产的先驱。对于濒危的蔷薇木来说，紧急复植消耗掉的树木以保证它们的生长，就已经是一种很好的回应了。但该品牌的精油需求量实在太有限，在巴西的采购就满足了它的所有需求，因而尚没有任何一家蒸馏厂在卡宴重建。

在我来圭亚那参观的十年之后，巴西出现了其他的蔷薇木种植园。一些人力求在不砍伐树木的情况下蒸馏树枝，即剪下枝条而非砍伐树木。然而，枝条中的芳樟醇含量和质量都相当不稳定，等待其稳定产出的过程又相当漫长，在此期间，大部分调香师选择了芳樟醇品质较差的其他天然原料，或满足于香调单一且更为平淡的合成芳樟醇。圭亚那蔷薇木精油中那抹无与伦比的细腻玫瑰香调消失了，许多人对此深感遗憾。随后这种精油在巴西以可持续的开采方式重新出现，这是个好消息。

如今，香水业显现出了对自然资源培育和保护的决心，但涉及森林时，这种决心仍显得畏畏缩缩。种植用于香水的树木，这一愿望很快遇到了种种问题——持续时间、开采年限以及盈利模式等。原始的蔷薇木能否逆境重生？如今谁愿意冒险大规模种植在二三十年后才能收获的芳樟醇呢？

二十五年前，我父亲着手创立了一个林园，它位于朗德省，占地数公顷，聚集了众多树木。在他的林园中心，他首先想种植的树木就是红杉。远离故土的红杉同意在这里生长，如今它已经有 20 米高。我父亲看着红杉生根发芽，脑海中回想起在加利福尼亚做伐木工的日子，因而对这棵红杉特别关注。他象征性地种植了自己曾经砍伐过的树木。由于他经常询问我的写作进度，我向他提及了关于这些芳香树木的内容。"别忘了说所有的森林都会重新生长，不管是独自生长，还是在人类的帮助之下生长，树木不会记仇，只是它们拥有的时间比我们多很多。"尽管过程艰难而缓慢，我愿意相信，香水短暂的时间与大树悠久的时间有可能和解。同样，我也愿意相信大象能够幸存。

宁静的河流

委内瑞拉的零陵香豆

我们的独木舟沿着考拉河逆流而上，考拉河是奥里诺科河在委内瑞拉的一条支流。在潮湿的高温下，天空和水的灰色交融于强烈的阳光下。白鹭在我们面前盘旋，发出刺耳的鸣叫声。我看着陡峭的河岸不断地从两边掠过，岸上长满了形状各异的树木，巨大的根扎入河流中，大自然的种种奇特之处都印证着我的感觉：我已经进入亚马孙的核心地带。有时，岸边会突然冒出一棵参天大树，树干高达 30 米，高耸的树干穿透云霄。我们沿着高高的叶丛行走，叶间开满了橙色或黄色的花，格外亮眼。我想到了读过或听过的关于地球上巨大绿色宝库的一切。普遍想象中是无尽起伏的森林天堂，是仍待发现的生物多样性宝库。但也有无限制毁林的残酷现实，这使得当地物种消失，这些物种所犯下的最大的错误就是一直生活在那里。那些用于制香的树木，或被砍伐，或被留存，它们的命运究竟何去何从？这是自我进入香水业以来就在头脑中思考的问题。在亚马孙森林的这条河流中，这个问题有了充分的意义。

在自然界丰富的芳香原料中，零陵香豆依旧令人惊讶。它是一种散落分布在雨林的野生树木的果实，虽然带有一些缺陷和风险，却没有妨碍它被纳入调香师的调香盘。受制于该地区的突发事件与气候灾害，树木可能会突然不再开花，有时连续几年都是如此。开花之后理应结果，但这一点也同样无法保证。树木结果后，香豆的收成则依赖当地的社群，但对这些社群来说，这些香豆不过是附加的收入，其价格并不稳定。对于零陵香豆的采摘者来说，这项季节性的活动仍是一种原始的、不规律且收益不确定的收集活动。此外，其木材质量优良，这种树木还面临着被砍伐的风险。然而，调香师非常欣赏它，以至于近两个世纪以来，一直有人采摘、晾晒零陵香豆，并出口到欧洲和美国。

吉尔贝是我的零陵香豆供应商，我应其邀请，来森林里实地感受一下这项活动的艰辛。对于一个与世隔绝的民族来说，这项活动是他们的重要收入来源。与他的委内瑞拉妻子比阿特丽斯一起，这个日内瓦人在世纪之交开始收集豆子，以帮助奥里诺科河南部偏远地区的印第安人——主要是帕纳里斯（Panares）和皮亚罗亚（Piaroa）印第安人。我向吉尔贝购买豆子已有几年，他会给我寄来一些记录——有关他的采摘活动以及正在面临的重要问题。他在寻找方法来限制这一地区的非法砍伐。在他看来，唯一有效的补救方法是通过收集森林中的物产以维持收入稳定；砍伐树木是没有足够收入时的下下策。他希望制香行业能够明白，购买零陵香豆的根本社会意义不只是在保护香水中的一种传统原料，香水公司采购员的权力以及公司如何行使权力——数量、价格、诚信，会直接影响千万家庭的命运，这些公司不能逃避自己的社会角色和责任。在 21 世纪初，这些信息很少受到关注，十年间当地参与者的坚持不懈与消费者的持续关注真正改变了人们的看法。

结出零陵香豆的香豆树（*Dipterix punctata*）生长在亚马孙森林北部的全部地区、圭亚那、巴西以及委内瑞拉的奥里诺科盆地。香豆树木质密实、颗粒细腻，本是上好的木材，但只要它产出的香豆有销路、有价值，就能幸免于被砍伐的命运。它们散落在森林各处，香豆收集者熟知这种树聚集的小块空地。美丽的紫色花朵开过后，香豆树能在好的年份结出多达 7000 颗果实，其果实看起来很像奇异果，由细细的茎挂在树枝的尽头。迫不及待的鹦鹉常常会咬断这根细茎，吃掉刚刚成熟的果肉。果实的中心有一层非常坚硬的果壳包着种仁：这就是零陵香豆。豆子呈浅棕色，表面光滑，长几厘米，捣碎后有淡淡的糖杏仁香。它的香气在晾晒的过程中会愈加浓郁，一种非凡的分子——香豆素使它拥有了糖衣杏仁、焦糖和收割的干草混合的味道。自从磨碎的豆子被用于众多甜点中，它的名字就越来越为人熟知。它的味道因比糖杏仁更精妙、更强烈而深受糕点师追捧，它的名字也为菜单带来了一抹异域情调。在香水业中，零陵香豆是必不可少的，它经常出现在东方香调的组合中，可以升华广藿香、香根草或没药的气息。它的味道处于烟草、蜂蜜、香草和安息香的交叉点，且颇具个性，因而一些香水直接以它的名字命名，如回忆的"香豆"（Tonka）。从餐厅的菜单到如今著名的香水，零陵香豆在美味的香料中占据了一席之地。

这三天我们要到考拉河畔去见香豆收购人吉尔贝，考拉河与库奇韦罗河一同构成了历史上委内瑞拉香豆的中心地带。吉尔贝的公司设在委内瑞拉第二大城市瓦伦西亚的海岸上，在那里我们乘他的小飞机径直向南飞行了两个小时，抵达马尼亚普雷，前往他们一家在森林中的基地。在那个世外桃源般的地方，在泉水和瀑布的岸边，吉尔贝和比阿特丽斯建造了一座十分简单的房子。马尼亚普雷在他们的收集区域中心，是森林中一块边长为 50 公里的四边形土地，比阿特丽斯在那里建立了一所丛林医院，她以惊人的毅力和不渝的奉献精神照管着这家医院。多年来随着不断参与香豆的收获过程，他们的儿子胡安·豪尔赫也成了一名零陵香豆大师，接过了家族的火把。胡安的童年有很大一部分时间是和周围村庄的印第安人一起度过的，他的父亲给我看了照片，照片上年幼的胡安赤身裸体，脸上画着红色的图案，和部落的孩子们一起分享木薯和烤松鼠。他说着他们的语言，他们也认为胡安是其中的一员。

　　两位收购人和我们一起乘坐胡安·豪尔赫的独木舟，胡安自信地撑着小舟，两位收购人每人负责一个区域的采集工作并管理几十名香豆采摘工（sarrapiero）。采集者可能是印第安人或克里奥尔人，后者是定居在森林村庄中的克里奥尔混血儿，这些人通常是橡胶采集工（seringueros）的后裔，橡胶采集工是赤贫的工人，他们在 1870—1920 年经受着残酷的剥削，是巴西橡胶史诗中著名的牺牲者，曾给马瑙斯这座传奇但短暂的橡胶之都带来了巨大财富。但到了20世纪初，英国人将橡胶树苗带去了马来西亚，马瑙斯的财运戛然而止，英国人希望橡胶能在马来西亚广阔的种植园中繁荣生长，这导致马瑙斯成千上万名橡胶工人失去工作，亚马孙雨林也深受重创。胡安·豪尔赫雇用了50名收购人和3000名采集者，多年来，他和他的父亲耐心地建立起这一网络，也因此成为森林之王，这让他的父亲因此骄傲不已。一个瑞士人的儿子成了帕纳里斯的印第安人，这个故事不寻常。

"沿着沉沉的河水顺流而下"[1]，当独木舟顺着考拉河前行，我将手伸入河水中随水流而动，我想到了兰波《醉舟》中的这第一句诗。我将河岸的景色和诗中描绘的画面结合起来，这赋予了我对亚马孙另一个维度的思考："河流任我去往想去的地方。"在航行半天后，我们停在了一个小海滩上，海滩上有几个木桩和塑料袋，一条小径通向远方，这里是今晚我们的安营之处。胡安·豪尔赫烤了沿途抓到的鱼，我们在河中洗漱，吉尔贝向我保证河水是干净的，于是在他的鼓励下，我饮了河水。

热带的夜晚降临得很快，猴子和鸟儿的叫声此起彼伏。在躺到吊床上睡觉之前，关于委内瑞拉的这个角落以及香豆收集，胡安·豪尔赫有无数件事情要讲给我。这里和巴西以及圭亚那一样，许多

---

[1] ［法］阿蒂尔·兰波：《兰波作品全集》，王以培译，东方出版社2000年版，第136页。

印第安社群扎根于森林中并且几十年来一直努力生存，有些采摘工来自某个奴隶后裔的村庄。这些人都很穷，生活物资很少，木材开发许可证又很难取得，采集森林中的产品对他们的生存来说是至关重要的：这里摘零陵香豆，那里采苦配巴香脂，胡安·豪尔赫的公司则收集金鸡纳树的树皮。尽管这些村庄中的居民已经定居，但他们首先仍是猎人和采摘者，他们围捕森林中可食用的动物，收集坚果、豆子、香脂和树皮。

第二天早晨，我们走了两个小时，前往一个香豆果采集和储存点，去那里加入一支采摘团队。那里还有其他可以更深入森林的小路。在好的年份，一棵漂亮的零陵香树可以产出 20 千克香豆。印第安人提着棕榈叶编织的篮子穿梭其间，他们收集果实并将它们置于空地上进行晾晒，之后再打开果实取出种仁。

3 名印第安人正忙着劈开果实、打碎坚果。他们用一种石头锤子——一种传统的工具，人们在季末将它埋在树脚下，第二年再挖出来继续使用。人们借给我一把锤子，我便加入了他们。这块石头精细地打磨过，拿在手里很合适，它的重量刚好，使用起来效率很高。我的第一次击打直接敲在了手指上，一个印第安人很严肃地纠正了我的姿势，我最终成功地敲开了坚果。

豆子在阳光下堆积起来，形成一座棕色的小山丘，一首真正的丰腴颂歌。只需敲碎豆子就能闻到它们的香气，它们的果肉呈象牙色或紫色。它们被装进可承重 70 千克的篮子中，采集者随后将其背上并徒步运至河边，有时要走半天以上。

在我们敲碎坚果时，吉尔贝向我讲解道，传统上，当地人使用香豆主要是因为它能给烟草提香，而且它有药用价值，主要用作抗凝剂和强心剂。在委内瑞拉，自 1870 年起人们就有组织地收集零陵香豆，这种成功持续了近一个世纪。当它到达欧洲时，通常以小桶包装，桶里装满了覆盖着香豆素晶体的黑色豆子，故而零陵香豆又被称为"结霜豆"。吉尔贝早年遇到的商人告诉他，为了躲避海关和税收，他们常常把包裹藏在独木舟后的水下拖行。刚收获的新鲜香豆是棕色的，因在水中浸泡过，它们干燥后变为黑色，并且表面覆盖着白色的晶体，即香豆素。这个过程后来得到了改良，改成将香豆浸泡在当地的酒中，也就是朗姆酒中。人们将盛满朗姆酒的桶里装满豆子，浸泡两天，之后刺穿酒桶以回收朗姆酒。豆子在运输过程中"结霜"，对于买家来说这成了高质量的象征，这一传统一直持续到 20 世纪 70 年代。据说这么做的初衷是避免香豆发芽，以防树苗外流——人们对当初亚马孙橡胶被拐到东南亚的事情仍耿耿于怀。

其药用价值会转而损及豆子本身。人们怀疑高剂量的香豆素会导致肝脏和肺部病变。1960 年前后，它在美国被禁止用于烟草香料，因而失去了主要市场。于是零陵香豆转向另一出路，即香水，香水业中对其剂量的严格规定让它不再会对人体造成任何伤害。

在我首次去考拉河十五年之后，我在巴黎再次见到了胡安·豪尔赫。在两次大丰收之后，他前来拜访他的欧洲客户，我很高兴再次见到他，并借此机会与他父亲通电话，他父亲已退出商界，但仍具魅力。在亚马孙森林里，时间过得很慢。在采集零陵香豆的组织、方法或工具方面，没有什么真正的变化，除了 GPS 的应用，让胡安·豪尔赫现在能更容易地找到树木，但人们仍是用石锤手工砸开坚果。我很想知道我拜访过的帕纳里斯印第安人村庄有怎样的变化，人们是否依然人力搬运香豆。他回答我说，唯一真正的进步是自行车的到来，现在人们用三四天的工资就能买得起一辆自行车。疟疾依旧在引发灾难，他母亲的医院仍然急需医护人员和资金。

我们谈到了过去十年中他经历过的剧烈气候变化。他不得不面对一些前所未有的状况，如树木连续几年不开花，另一些年份只结几颗果实。面对这些无法预测的情况，他不止一次想放弃一切。我相信是他本土的一面——他对儿时印第安朋友的眷恋阻止了他这样做。胡安·豪尔赫也知道巴西出产的香豆对他大有助益，它们与委内瑞拉香豆的收获季节正好相反，二者相互平衡，轮流维持供应，才稳固了零陵香豆在香水业的地位。

采集香豆的地点、技术和人群经年未变，这对历史和现代化来说几乎是一种挑战。子辈沿着父辈的足迹在林中穿行，以石器为工具敲开一颗颗香豆果，之后这一切竟能跻身奢侈品行业——听起来不可思议，甚至犹如奇迹一般。这能持续多久？我们从森林中出来后乘船离开，看着考拉河荒凉而陡峭的河岸，岸上的树木好像在行进，我试图想象亚马孙森林中香水树木的未来，这些树木是会被砍伐，还是被保护起来？这两条相反的道路映出了人们对平衡的寻觅，这对那些继续以森林为生和在森林中生活的人来说非常重要，他们依赖着创造和奢侈的浪潮，默默地留意着信号，这些信号告诉他们不要砍伐树木，要继续沿着河流和香豆的小径逆行而上。

神圣之树

印度与澳大利亚的檀木

檀木、沉香木和乳香：这些基础的香气在香水业中留下了古老而深刻的印记，它们已经成为神话。我在本书的结尾部分讲述这三种用于香水的传奇树木，这三种味道是非凡的，人们将其与宗教、神圣和生存的本质相联系。这些木材及其树脂香气缭绕，讲述着自远古以来在人们为与神明交流而组织的仪式中香水的作用。这种作用见证了早期人类的能力，即发现和选择大自然提供的最非凡的气味。这些树木一如往昔，它们依旧神秘且珍贵，见证了人类的精神、情感和感官超过三千年的历程，构成了人类境况的一条主线。

本章是三部曲中的第一部，主题是印度的神圣之树檀木。檀木十分受人尊敬，人们相信它是永恒的，但它的故事逐渐变成了悲剧。一天，当我们参观拉贾家离哥印拜陀不远的农场时，他带我走过田地中的最后几排茉莉，来到一片广阔的林区。"这里就是我们的檀木生长的地方，树龄已超过二十年……"故事可以追溯到2005年，也就是我们谈话发生的十年前。十几个全副武装的蒙面人在夜晚来到农场看守人的住处，他们手中持枪，简单地说明了他们的来意——砍伐檀木。他们将这些可怜的农民关起来，声称如果他们待在家里就不会受到伤害。行窃持续了一段时间后，窃贼们带着25根檀木树干离开了。拉贾一直对这件事耿耿于怀，对他来说，如此野蛮地砍伐树木简直如同强暴一般，对大多数印度人来说，这是对独一无二的美丽与精神之源的卑鄙劫掠。我听过类似的事情，在其他地方，事态甚至更严重，檀木盗窃者会毫不犹豫地杀死竭力保护树木的农民。在印度南部，人们几次向我指出树木被盗走、树干被拔起的地方。在拉贾家遭受劫掠的几个月前，拉贾和我都听说澳大利亚将建造数千公顷的檀木种植园，这一事件引起了香水业的关注。"一个国家想将一种本属于我们的神树据为己有，起初我觉得这件事情很不可理喻。但在农场的事情发生后，我告诉自己应该接受它。我们给檀木造成了很大的伤害，我们或许应该允许它在别的地方重生。"

拉贾总结了印度过度开采檀木的残酷历史，讲述了从 20 世纪 70 年代到今天这种木材从稀缺走向悲剧的命运。有组织的帮派专门偷窃檀木，黑手党般的犯罪行为屡见不鲜。檀木逐渐稀缺，直到近乎灭绝，其结果令人惊骇而悲痛，这与檀木以及檀香在印度历史和印度人灵魂中的象征地位背道而驰。

檀木根植于印度文化之中。诺贝尔文学奖得主泰戈尔说，他最好的散文和诗歌是用檀木精油涂抹脚底、手掌和头顶后才能写出来的。"仿佛是为了证明爱会战胜恨，檀木倒下时会散发香气，沾染到砍伐它的斧头之上"，他用一个古老的文学意象写出这些话。

它气味鲜明而独特，既有木质调，也有乳香调，在所有的气味中别具一格。它的气味优雅迷人，对西方人来说，它唤起了一种绝对的异国情调、一种神秘主义、神圣之感，还有一种不可抗拒的印度风情。我们自发地将檀木与印度寺庙中的香烛烟雾相联系，这种烟雾的味道我们可能闻到过，也可能只存在于我们想象中。它的气味同时被印度教、佛教和伊斯兰教欣赏并崇敬，与它同样受到这三教尊崇的还有沉香。在印度和中国，传统上，檀木广泛应用于宗教、仪式、医药、化妆品和手工艺品中。人们将其焚烧或雕刻，做成粉末或膏状，古老的传统中有众多使用方式。佛教徒将檀木焚烧，伴随其气味祈祷和冥想，印度教徒用檀香脂涂抹寺庙的神灵以及朝圣者的额头。只有珍贵的物品会用檀木雕刻：念珠、珠宝盒、印度诸神的雕像或重要的木制品，如宫殿华丽的门扉。

当与拉贾在马杜赖寺庙周围散步时，在售卖小型檀木雕塑的商店里，他经常对我说起他与这种香气的联系。儿时，这是他日常生活中的香调，既有异国情调又完全熟悉。在普迦（Puja）仪式上，即在供奉了鲜花的雕像前祈祷，人们磨碎少许檀木，将它与油和樟脑一起做成膏状，之后涂在额头上，在两眼之间。"甚至在我上学前，普迦仪式中的檀木气息就已经在我身上留下了印记，"拉贾对我说，"直至生命尽头，它依然陪伴着我们。对于死亡来说，陪伴逝者灵魂最纯粹的方式就是在火葬时加入一块檀木，这非常重要，甚至有些富人会专门买下完整的檀木块。"他补充道："对我来说，檀木总会令人想起肥皂的味道，这是一种对纯洁的追求，是生活中对神圣的召唤。"

虽然檀木在印度文化中影响深远，但这并不足以保护它。它是自身成功的受害者，是一个世纪以来檀木精油在香水业中的成功导致的受害者，檀木在印度的命运宛如蔷薇木在圭亚那的命运。

现存有记录的檀木有 16 种，分布在广阔的印度洋-太平洋地区，从印度一直到夏威夷。它们种类不同、气味各异，但都因"檀"的特征而颇具辨识度。澳大利亚的本地品种有 4 种，即新喀里多尼亚、斐济、汤加和瓦努阿图特有的檀木，但檀木之王仍是印度檀香木（*Santalum album*），其生长区域从印度延伸到东帝汶和斯里兰卡。作为传统文化中的重要组成部分，以宗教和雕刻为目的的檀木开采在 18 世纪和 19 世纪经历了第一次飞速发展。在太平洋地区，这与中国与澳大利亚之间迅速发展的茶叶贸易相关。中国人跑遍了群岛，用岛上的檀木换取织物、金属、武器和酒精。

这种交易既给当地作物带来了翻天覆地的变化，也使檀木资源迅速枯竭，其影响自 19 世纪中期起就已十分明显。[1]

在印度，檀木起初主要生长在卡纳塔克邦，在迈索尔南部，覆盖了森林中的一块狭长地带，宽度为 10—40 公里，南北跨度约 400公里。这是一块广阔的地带，生长了众多森林植物，因为檀木需要

---

[1]　Jean-François Butaud, *L' Herbier Parfumé.*

寄生在邻近植物的根上以汲取养料。檀木并不高大，生长速度很慢，随着时间的流逝，其汁液的香气集中于树干中心。随着树龄增长，树木的中心愈发致密，呈现出美丽的棕色。檀木是一种精油含量很高的木材，即使在砍伐几年之后仍留有余香。

檀木被越来越多地使用，越来越受重视，1792 年迈索尔王国[1]的国王蒂普苏丹宣布檀木为"皇家树木"并垄断了其贸易。印度当局在英国人的支持下将檀木据为己有，一直持续到今天，这在很大程度上造成了檀木的消失。1910 年的一些文章详细描述了大规模檀木贸易的情况，当时每年砍伐 2000 吨木材，将其分为 18 个等级并拍卖出售。[2] 20 年后，砍伐数量上升至 3000 吨，而且可开采的树龄被定为 30 年，而不是此前的 40 年或 50 年。

檀木的"死刑判决"来自当局的一个决定，即保留檀木种植权属王室专有，这损害了个人的利益。这种垄断严重妨碍了物种更新，檀木没能从中恢复过来。1916 年，迈索尔王国的摩诃罗阇[3]命人建立一个大型檀木蒸馏厂，以帮助销售因欧洲陷入世界大战而滞留在库存中的木材。他的倡议使檀木精油得到普及，精油进入了

---

[1] 迈索尔（Mysore）王国存在于 1399—1947 年间，位于今印度西南部卡纳塔克邦一带，是以迈索尔为中心的一个王国，1947 年被并入印度联邦。——译者注
[2] Hubert Paul, *Plantes à Parfum*, 1909 年，以及 *La Parfumerie Moderne*, 1910 年 6 月。
[3] 英语为 Maharaja，梵语头衔，意为"伟大的统治者""伟大的君主"。——译者注

调香师的调香盘。以迈索尔檀木之名，檀木精油获得了与保加利亚玫瑰相媲美的声誉。尽管有各种迹象表明檀木资源趋近枯竭，迈索尔檀木仍继续以每年 3000 吨的速度被开采，直至 1960 年。2010年，官方数据显示檀木开采量为 45 吨，而此时几乎已经没有檀木了，这是历史的终结。

檀木贸易被政府垄断，与之相关的腐败十分严重，如今没有人知道真正的数据。面对这一悲剧，香水业花了一些时间才做出应对措施，针对木材和精油，只要求提供原产地证书，这一做法不甚可靠，仅可作为权宜之计。

香水业逐渐转向印度檀香的另一个来源——斯里兰卡。但那里的资源同样也在变得稀缺，刚刚开始的种植园项目就受到限制。迈索尔檀木精油的缺乏对香水业来说是个真正的难题，因为数百种配方都包含它。使用其他类型檀木制成的精油，如新喀里多尼亚或澳大利亚产的檀木，只能算作替代解决方案，并不能真正安慰到调香师，因为他们不得不将高质量的迈索尔檀木精油从调香盘上去掉。

在 21 世纪初，一个惊人的举措令行业惊奇不已，拉贾也是因此震惊。澳大利亚西北部沙漠中建起了数千公顷的檀木种植园，这是否会为传统的印度檀木打开一个全新、丰富且可持续的前景呢？我的公司已决定不再从印度购买檀木，目前印度市场上余留的产业不透明，可以说这个市场几乎已经没有价值了。至于斯里兰卡的供给——还脆弱且有限，出口配额的相关腐败十分常见。檀木已成为我的一个主要担忧。我们有可能被指控勾结谋杀，这一风险的确存在。我们和拉贾谈了这个问题，他经常拒绝以现金购买木材，任何与檀木相关的贸易都令他紧张。在澳大利亚种下第一批树木的十五年后，我应该去参观一下南半球这片新的森林。

乘飞机从珀斯到库努纳拉需要五个小时，库努纳拉是一座迷失在澳大利亚西北部广袤土地上的小城，给人一种世界尽头之感。然而这座小城理应名满天下，附近大的矿场都自称独家生产粉钻，这是最稀有、最珍贵的钻石。这些珍稀的石头价值可达数百万美元，它们静静地陈列在城市中僻静的店铺里，仿佛沉睡在酷暑的热浪中。我了解到这里的钻石已太过稀少，矿场将不得不关闭，库努纳拉需要另寻出路以建立名望，或许它即将借助檀木。二十年前，以本地檀木，即澳大利亚檀木（*spicatum*）为原料的澳大利亚精油生产商获得了投资基金，这些基金专门用于林业投资，因为林业投资在税收上享有优惠，投资印度檀木种植园的想法经过考察、调研，并最终得以推行。库努纳拉地区因气候、土壤和充足的灌溉水源而被选中，因为它附近就是澳大利亚最大的人工湖。如今，尽管种植者与投资者间存在种种不和、竞争与冲突，项目仍然落地了。在十五年间，近 1 万公顷的檀木种植园得以建立。

我在澳大利亚的向导是一个法国人——雷米，他是哈佛大学毕业的工程师，曾在美国大公司工作。这个巴黎人在纽约生活了很长时间，之后在一家大型香水集团参与收购项目。几年前，他接手管理了联合负责种植园的两家公司的其中一家。在此后，他开始负责管理库努纳拉 3000 公顷的檀木，正是他提议让我去参观他的成果。在这一新职位上，雷米不仅很了解精制香水，他还渴望探索原料的世界。他是个爵士乐手，还养了自己的马，他主要生活在巴黎和布列塔尼，但发展新檀木品种的冒险让他暂时接受了一种往返于法国和澳大利亚之间的生活方式。雷米的眼睛闪闪发亮，他以些许幽默和不加掩饰的热情对待他的新任务。这位香水发布酒会的常客告诉我他如何在这偏远的北部地区建立并运营了一支本地团队。一切都要从头开始，建立苗圃，每年种植数百公顷的新苗，砍伐老化的树木，将其削成薄片，用卡车运至南部距此 3000 公里的珀斯蒸馏厂，这是种超越国家的组织能力，其负责人必须具备符合这个冒险项目的雄心壮志。此次参观对我们双方而言都意义重大。我想向我们的调香师证明，尽管库努纳拉最老的树只有十五年，但它们仍能够提供与印度标准相当接近的精油，并代替印度檀木精油。"在我们成功前我不会让你离开的！"雷米对我说道，不过他也清楚地知道实际操作中的困难。

　　在那天下午快结束时，他带我去考察最新的种植园，其景象令我目瞪口呆。数以千计的白色小套子一望无际，它们排列整齐，点缀着无边无际的灰暗土地，这些白色的套子其实是小管子，它们保护着只长出几片叶子的小树苗。"这一片土地有 60 公顷，我们在测试檀木和宿主树木之间新的间距。"雷米正说着，种植园的农业工程师也来了，他向我详细解释的内容正是先前拉贾想讲给我听的。檀木的根需要寄生在附近其他树木的根上，但并不是任何树种都可以。这些"宿主"树木的选择，它们的间距，以及它们在檀木旁生长的时间，所有这些都会影响种植园的成果。雷米向我坦言，他在这项任务中给自己定了两个目标：找到最适合树木生长的种植方案，用年轻的树木开发出能被最伟大的调香师使用的精油。雷米的种植园广阔无边，与我通常看到的香水树木种植园不是一个规模。他看着我，对种植园的效果很满意："今年我们将种植 240 公顷。你觉得怎么样？"我想到了很多益处。我的目光扫过一望无际的幼苗，仿佛再次看到了拉贾农场里被毁坏的土地。一种兴奋之感油然而生，我想拿起铲子，毫不犹豫地开始种树。我眼前的景象消除了所有关于偷盗、走私与失踪的悲剧。在这里，一切都是新生，一切都在生长。夜幕降临，南回归线的天空变得炙热。"你看这深浅不一的玫瑰色调，它们就是这里傍晚天空的颜色。人们把天空比作粉色宝石而不敢比作粉钻，是担心这样说太过夸张。"夕阳为保护树木的白色管子染上了颜色，这景象让我流连忘返，最后雷米不得不把我塞进他的车里。他的活力给我留下了深刻的印象，连当地河流中横行霸道的鳄鱼都令他开心，似乎库努纳拉的酷热也没有影响到他。"你很快就会习惯了"，他这样告诉我，而那天晚上我因时差和流连于粉色宝石般的天空而体力透支。

第二天，我们参观了各个年龄段的种植园。他们就快找到最有效的模式，雷米对此十分肯定，他已经让我保证十年后会再回来看看。他将最震撼的参观留在下午的最后，即观赏最年老的檀木，它们是十五年前种下的。天气依然炎热，雷米指引我追随着一台工作中的机器的声音，前去看看达到年龄的檀木如何开采，这样的树木已经可以蒸馏了。真正的问题就在这里，这些树木能否产出调香师接受的精油？在种植园里，我们走在精心修剪的树荫下，一排排的树木有五六米高，檀木和它们的宿主树木交替出现，呈现出美丽且多样的样式，整体形成拱门的样子，与森林有些相像。我想到了拉贾，在这里，我感觉看到了印度卡纳塔克邦山丘的景象，在那里已经消失的景象于此重视。

旁边的土地上正在开采作业，一个机械铲正在工作。檀木被连根拔起，如此才能充分利用它们富含精油的根部。雷米走在我前面，我们看着铲子翻倒一棵树，突然，毫无预兆地，檀木温暖而强烈的味道向我袭来。"来看看你闻到的气味来源，"我的向导对我说。在刚被拔起的树木留下的树坑中，粗大的树根仍在，有一些被铲子铲断了。当我走近，发现散发出香气的正是它们，我挖出一段根部，根部的中心呈橙色和紫色。熟悉的气味在大自然中更加芳香，浓郁的木质味道混杂着柔和的乳香——这种撩人的结合使其具有惊人的力量。我一直留着这一小段树根，即使是四年后，它仍散发着香气。

在一个平台上，树木被清洗、切割，在一个大滚筒中被剥去树皮，并按质量进行排列。21世纪初的一些文章中提到了18种传统印度檀木等级，其中有6种被保存下来。树桩、高矮不同的树干、粗细各异的树枝——树木的不同部位会显著地影响精油的特征，这些部位都需要单独蒸馏并混合后才能产出适合调香师的高品质精油。最大的困难，也就是关于制香树木始终存在的问题，是树龄。在澳大利亚北部，投资者无法等到理想的40年或50年，人们决定在树龄15年时就开始开采。这个年龄似乎是极限，任何更年轻的木材都无法产出好的精油，树木从不喜急功近利。在厂棚中，剥去树皮后的木材按质量分类，雷米与我们讨论哪种品质更适合我们，并检查是否有可能进行混合调配。我们继续在他全新的空调实验室中工作，周围是一队身穿白色工作服的澳大利亚技术员。我对此相当赞赏，这里的设备接近于我们在巴黎的设施标准，比我在斯里兰卡看到的檀木蒸馏厂中的简陋设备要好很多。在评价的过程中，雷米重新认识了他所熟识的香水业，重新发现了那些香水品牌以及小众香水，他为此激动不已。他仔细地分析了我带去的斯里兰卡精油，并向我解释了他做出的尝试——用自己的配方来重构这种精油。我们闻了他准备的十多瓶样品，各不相同。年轻檀木产出的精油突出了檀木中的奶香，以我的喜好来看这是长项，但这种味道与我们的标准味道不甚相同。最优质的精油是含有大量树桩木精油的样品，我认为其中两种样品已经非常接近目标了，我们在巴黎和日内瓦的专家将会做出最终决定。我闻着试香纸，手中拿着我那块树根，它的香气实在不可抵挡。我们回到阳光灿烂的室外，包装平台的中心堆放了许多剥去树皮的白色树干，它们晾晒几个月后会被粉碎。这壮观的树堆让我想起一张二十年前拉贾展示给我的照片：一群印度工人和他们的工头在一堆等待出售的檀木前摆好姿势，工头长着小胡子、戴着头巾，面色严肃。一个世纪后，我让雷米和我一起站在他的宝藏前，拍一张照片，重现印度的场景，只是我们戴着帽子和太阳镜。

在我离开库努纳拉前，雷米建议我种一棵树，"这是为了促使你回来看它，到时候，我的树就会长得很高了，你又有机会在我的种植园里乘凉、散步。很快，你等着。"一个想法、一些资金、水源和大量的精力，制香树木就是这样在这片满是钻石和鳄鱼的土地上生长起来的。从澳大利亚回来后，在日内瓦，公司对雷米样品进行了长期的分析。最终，样品中的两个被接受了，这两种样品将成为我们新的标准。

在巴黎，我决定组织一次雷米和拉贾的会面，我想在他们之间建立起联系。我向他们讲述了蔷薇木和檀木命运的相似之处。在 20 世纪，这两种树都被砍伐了 20 万吨，这个数字足以使它们濒临绝迹。这看似不可思议，但人类与檀木间四千年的历史在不到一个世纪中险些被抹去。拉贾是茉莉花精油的生产商，他一直拒绝进入檀木蒸馏厂，但对我们在库努纳拉的故事很感兴趣。当谈到印度时，他向我们解释道，印度政府被迫对澳大利亚造成的新形势做出反应。檀木的相关立法正在发生变化，私人种植园获得批准。拉贾的叔叔现在可以独立开发他围起来并保留下来的 15 公顷檀木了，他不再需要将所得都卖给政府。造成大规模破坏的历史性垄断终于要结束了，拉贾对本国的檀木重拾信心，但他也知道这需要二三十年才能看到显著的效果。"坦率地说，如果没有澳大利亚的檀木，一切都不会改变，这一点是肯定的"，拉贾对雷米说道。

未来檀木的故事是美好的。大约二十年后，凭借其数千公顷的成熟种植园，库努纳拉将成为世界檀木之都并以此为傲。香水业的这颗"钻石"将接替粉钻散发光芒。日落时分，在粉色宝石般的天空下，我决定在我的树木 15 岁时回来看它。

国王之木

孟加拉国的沉香

孟加拉国寂静的森林是老虎和眼镜蛇的庇护所，在这里，通过大师们对某种树、对树的香气及树的故事的叙述，我开始明白"国王之木"这一名称的真正含义。从古希腊罗马时期一直到16世纪，人们赋予了这种木材许多不同的名称：梵语中是"琼脂木"（bois d'agar），《圣经》中是"芦荟木"（bois d'aloès），葡萄牙航海者称其为"鹰木"（bois d'aigle），阿拉伯语中就是简单的"乌德"（oud）。人们也称它为"国王之木"，这可能是最合适的名字，向它在历史上的价值、独特性、力量和风采致敬，从印度的庭院和宫殿到巴黎的凡尔赛宫，都能看到它的身影。

所有这些名字描绘的都是充满树脂凝结物的木材，这些凝结物形成于沉香属树木的内部。昆虫会在沉香属树木的伤口或脆弱部位造成真菌感染，在抵御感染的过程中，树木在其白色和浅色的树干中形成了许多木核，树脂使这些木核暗沉且质密，树脂强大的气味力量在植物界无与伦比。这场"炼金术"由树木指挥，其产物藏在树干中，就像河床中的金块一样，真是个不可思议的现象。由白到黑的秘密转变——沉香在沉香树中的诞生有些神秘，讲述着它的历史，以及寻找、改造并使用它的人的历史。从我来到沉香木的诞生地孟加拉国，到我欣赏到沉香的气息，这短短的时间内，我已体会到它魔法般的存在了。

沉香精油是中东香水业的基础。西方国家曾经遗忘了它，但今天他们欣喜地重新发现了这种奢华的香水，它是力量和愉悦的精华，是树脂与木材的结晶。中东人喜欢喷上一点沉香香水，所有的阿拉伯香水都包含沉香，或试图呈现类似的气息，十多年来，西方调香师一直想拥有并驾驭它。2015 年初，我去了孟加拉国的北部，到沉香的摇篮去探索它，那里是阿萨姆邦历史区的中心，如今孟加拉国与印度共享这片区域。沉香的源头地区不允许独自前往，需要被邀请才能进入。我的向导是某项传统的继承人——这种传统仍存留于世但很隐蔽。深受苏菲主义影响的孟加拉国人穆斯拉和他的法国合伙人达米安在他们的蒸馏厂接待了我，蒸馏厂设在锡尔赫特附近的苏萨纳格尔（Susanagar）。随着我们的接触，我获得了他们俩的信任，他们二人自儿时起就是好友，性格迥异但相得益彰。穆斯拉在巴黎有亲戚，他与达米安偶然相识后变得形影不离。在寻找一个全球香水业的合作伙伴时，他们联系了我，并用他们那不同寻常的故事说服了我。没过多久，他们就邀我去锡尔赫特，他们的公司在那里管理着 100 万棵沉香树，这是穆斯拉家族八代人建立的财富。穆斯拉和达米安是沉香之王。

　　穆斯拉在他的蒸馏师侯赛因与其作品的关系中看到了魔力。侯赛因小心翼翼地拿出了他的大盆，坐在小蒸馏厂庭院中的阳光下。他每周澄清一次精油，这些精油来自他的一组小型蒸馏器中蒸馏的沉香。他水桶大小的金属容器几乎装满了，暗沉的表面在阳光下闪闪发亮。我、穆斯拉和达米安一起看着侯赛因放置好装着水和精油的桶，摆好他的小凳子，开始清洁钢制容器，随后他将蒸馏后的产物倒入其中。这个钢制容器是一种简单的传统工具，它与船型酱汁壶外观相似，都有一个用于倾倒的尖嘴，对于收集香水业中最稀有、最昂贵的原料来说，它是不可或缺的。沉香精油的价格在每升30美元至5万美元之间，最好的沉香精油比玫瑰精油贵五六倍。侯赛因缓缓地将手平放在桶中液体的表面，仿佛他只想轻轻触摸，之后将手伸回来，轻轻刮去因接触到容器边缘而留在皮肤上的珍贵液体。一直以来，在这个地区人们就是这样收集精油的，蒸馏师也是当地人。侯赛因沉着冷静、动作精准、一丝不苟，他从父亲那里学到了这些。他从事蒸馏工作已有三十年，为得到穆斯拉想要的高质量精油，他熟谙所有操作的精细之处。阳光下，安静得只能听到鸟鸣。

穆斯拉身着白衣，包着头巾，在传统着装下显得笔直而优雅，他在一旁看着，偶尔与侯赛因低声交流。穆斯拉是一个权贵家族的继承人，以其伊斯兰教的苏菲派教徒身份为傲，伟大的圣人沙阿·贾拉勒在1300年前后将苏菲派传播到锡尔赫特，自此之后苏菲派成为这里的一种哲学和宗教流派。穆斯拉家族八代人都在这里种植、管理并开发这些沉香树，提高木材和精油的价值。这个年轻人继承了数百公顷的沉香树种植园，种植园中的树木树龄各异，其中一些可能已有两百年。这个年龄的沉香树若真的存在，那必然是神话，因为它们实在价值连城，所以大概率早就被砍伐了。穆斯拉拥有近 100 万棵沉香树，他用简单的理念管理这一丰富的资源：尽可能少地取用，把丰富的遗产传给下一代。他是家族财富的守护者，是锡尔赫特的树木之王。

穆斯拉将达米安视为兄弟，达米安的经历也颇为传奇。达米安是切尔克斯人，他对自己的出身非常骄傲，切尔克斯人是高加索北部的一个民族，其历史经历丰富而复杂。达米安的身份使他对历史研究很感兴趣，与穆斯拉的相遇让他对沉香充满热情。他在法国和孟加拉国生活，并在一本引人入胜的书[1]中汇集了多年来关于沉香这种非凡财富的研究成果。他在书中详细地阐述了沉香精是如何产生一种烟雾，这种烟雾在印度教中与神明相联系，在佛教中则与启示相关。人们在耶路撒冷的圣殿中焚烧沉香，它伴随着先知穆罕默德，也是用于保存耶稣遗体的香料之一。这种芳香的木材久负盛名，中世纪的基督徒甚至认为沉香来自伊甸园，还曾描绘沉香木漂浮于伊甸园河水之中的场面。有沉香之处就会有魔力。它在中国和日本备受推崇，在阿拉伯-伊斯兰世界中，沉香与玫瑰和龙涎香共同构成了三大基础精油。这是所有东方宫廷和中世纪欧洲的国王都

[1]　Damien Schvartz, *Le Bois du Paradis*，手稿。

垂涎的珍宝，我们知道拿破仑喜欢焚烧沉香以净化空气。通过对古籍的研究和翻译，达米安追随着"国王之木"在所有文化中的足迹，他是这种香料的行家之一，是沉香历史之王。

在距离锡尔赫特相当遥远的地方，阿尔贝托统治着一个完全不同的王国。三十多年来，阿尔贝托一直是著名的香水大师，得到了同行的一致认可，他创造了无数成功的香水，收获了众多荣誉，受到知名大牌的追捧，他总是充满创造性，工作勤奋，从不停歇。尽管阿尔贝托从不承认，但大家都知道：他父亲称他为"我的国王"，而他真的成了他那一代的调香师之王，一个非凡的人物。阿尔贝托像孩子一样简单而真诚，他在所有的事物中都能发现美，并且从不丧失生活的幽默感。不论喜欢或讨厌，他都从不掩饰自己的真实想法。他淡蓝色的眼睛总是目光坚定，身上带有一种家乡塞维利亚"先生"（Don）般的自然优雅。他在瑞士过着理想的生活，充满激情地打理自己的花园，那里是白花的天堂。阿尔贝托在创作过程中看到了一些流动的、难以捉摸的东西。他创作的香水诱人且经久不衰，卡地亚的"唯我独尊"（Must）、雅诗兰黛的"欢沁"（Pleasures）、高田贤三的"一枝花"（Flower）、阿玛尼的"寄情水"（Acqua di Gio）、卡尔文·克莱恩的"中性香水"（CK One）、古驰的"花悦"（Bloom），所有这些都成了伟大的经典。还有几十种其他香水都带有其力量和轻盈的印记，他满怀信心，精妙地调配顶级天然香料。阿尔贝托与沉香的相遇是必定会发生的，我有幸为此作出贡献。就这样，两个相互寻找的王者最终相遇了。

故事追溯到 2015 年，我第一次去孟加拉国旅行。回来后，我向我们的调香大师展示了精油样品。在此行的几个月前，阿尔贝托的一句话让我们所有人都笑了：“沉香，沉香，就像独角兽一样……所有人都谈论它，但从未有人见过它！”他幽默地诠释了沉香贸易的不透明性，无数产品以沉香之名交易，但其来源却无法保证，很多时候其实是合成产品。在这种迷宫般的混杂市场中，许多调香师迷失其中。被冠以沉香之名的精油，价格可以从每千克 300 美元至 3 万美元不等，人们已经不知道自己购买的是什么了。我意识到其中的问题后，就知道穆斯拉和达米安的沉香会令阿尔贝托着迷。当他闻到试香纸上的顶级精油——我从锡尔赫特带回来的样品时，他什么都没有说，只是点了点头，然后专注于他的 iPad，这表明他被征服了，并且他已经知道自己想在哪里以及如何运用它。

一年后，我们在“城市森林男士香水”（Man Wood Essence）的发布会上再次见面，这是阿尔贝托为宝格丽创作的一款绝妙的男士香水，它围绕着一棵想象中的树构思而成：香根草的根、雪松木的枝、柏树的叶，再以苦配巴油的汁液将它们混合在一起。我们谈论了香水中木质香调的丰富性，我问了他关于沉香的进展。“听着，我正在把你的精油加入整个系列中，它烘托了其他的天然原料，我对结果很满意。"又过了一年，调香师阿尔贝托已经获得了他职业中的所有荣誉，他也将要成为沉香之王。

　　在我第二次来到锡尔赫特时，穆斯拉和达米安带我参观了他们的一处地产——阿东普罗（Adompour），这是一片数十年来通过种植沉香树形成的森林。锡尔赫特的稻田在广阔的山丘间错落分布，山丘上覆盖着森林，而当地的居民称其为丛林。最广阔的林地中仍栖息着老虎和眼镜王蛇，人们有时能看到它们在山坡上挖的巢穴。在这片神秘的森林中居住着许多不同的种族，由于人口迁徙，这里成为民族交会的十字路口。一些村庄住着佛教徒，另一些则居住着基督教徒，所有人都与占大多数的苏菲派穆斯林和谐相处，但同时也坚守自身的传统。在这寂静的树林里，我们在各种树龄的树木间前行，只能听到我们踩在厚厚枯叶上的脚步声。沉香树的树干长有浅色光滑的外皮，易于辨别，上面的地衣和真菌装饰出黄色、绿色、橙棕色的图案。曾经它们成排种植，树龄10—80年不等，随着时间的推移，它们已交织在一起，形成了如今的一片树林。有时，成群的树木会显现出奇怪的场景，树干上露出一排排金属点：钉子。自18世纪以来，锡尔赫特人就开始在树干上钉钉子，以加速沉香在树木内部的形成。在树龄处于15—25年时，人们会在树干上钉几排间隔为10厘米的钉子，于是树干上几乎布满了钉子。钉子起初会使树木在阳光下闪闪发亮，而后会生锈，最后会因树木生长而嵌入其中。每个钉子的伤口都可能形成一个富含沉香精的结节。

　　步行一小时后，我们到了山坡上一棵孤立的树附近，其树干庞大、枝叶繁茂。"看，我们可不是在讲故事，它真的存在，就是它！"穆斯拉对我说。它就是那棵古老的沉香树，根据邻村的传说，它已有 250 年了。走近这棵树，我享受着这一珍贵时刻。我任由视线朝上望去，目光移到巨大的树枝上，它绘制了一个庞大的树冠，宛如一座复杂而宁静的建筑，承载着万片树叶。好像我们再多看一会儿，古老的树木就会对我们说话。它们知道我们出生前的故事，也知道我们离开后的世界将发生什么。古老的树木似乎是不朽的，有些确实如此。这棵树在整个东南亚地区几乎都是无可比拟的。这个年龄的树木价值连城，因而不论在何处都难逃厄运。树木越老，就越有可能在上面发现不同寻常的部分，这里说的是大小、形状和密度方面都与众不同的沉香块，最优质的沉香块市值可达几百万美元。几个世纪以来，整个亚洲的沉香树都成为狩猎采集者真正的围捕对象，狩猎采集者小心翼翼地保守着自己的秘密。很快沉香树变得稀少，濒临灭绝，因而被列入了保护物种的名单，就像蔷薇木一样。十五年来，对这种木材的迷恋引起了大规模的种植运动，从印度一直到越南，人们在几百万株幼苗上尝试了各种各样的手段，如注射化学药品，只为了让它们一到 10 岁就能产出珍贵的含树脂的木材。在这里没有这些手段，所以保存在穆斯拉和达米安的树林中的几百棵老树多少有些不同寻常。"我们不会砍伐这些沉香树。但若决定了，我们会告诉你的，邀你来和我们一起砍伐。"最后穆斯拉笑着这样对我说。为何这些沉香树仍能存活而未被偷偷砍伐？据穆斯拉所说，森林是由住在那里的村民看守的。"我们看不到他们，但他们在看着我们，跟着我们。在传统中，人们非常尊重沉香树，走私者在靠近沉香树前就会被发现，若他想触碰沉香树，可能会被当场杀死。"

我们继续前行，一个静止的身影出现在道路拐角处。一位年迈且瘦弱，但目光澄澈、胡须染成橙色的老者正看着我们，他一只手拿着一根大拐杖，另一只手拿着大砍刀。穆斯拉走到我们前面去，与这位森林看守人攀谈起来。他是一名1971年孟加拉国独立战争中的老兵。他赤脚走路，露出了小腿的伤痕，据他说，那是与老虎搏斗的勋章。他很了解这些树，只需用拐杖敲敲树干就能告诉我们哪些是最有希望的树。"你们要去村里？"他最后问道，"你们可以走路过去，这附近没有老虎。"

又向前走了一段，如魔法一般，四名小女孩突然出现在我们面前。她们不知从何处而来，用黑色的眼睛审视着我们。她们在树林的阴影下依旧色彩斑斓——穿着黄粉相间、红底白花的连衣裙和青绿色的裤子。当我们走近时，她们却瞬间消失了，仿佛被一阵风卷入了森林中。穆斯拉依旧笑着，但很严肃，他低声对我说她们是森林中的仙女。在村庄附近我们又看到了她们，她们绽开一抹微笑后立刻跑开了。这场芭蕾仍在继续，无声而优雅，好像有种奇特的魅力，我感觉仙女在引导我去她们的巢穴。她们在第一排房子前面等着我们，似乎是为了让我们参观，她们每个人都靠在一棵老树的树枝上，在叶子间散发着光彩，黑发的小仙女面容严肃，正用好奇的眼睛打量着我们。

第二天，我们出发去砍伐一棵可能含有沉香块的树。达米安和穆斯拉在本季要砍伐的树木上做了标记，要知道需要三四十棵树才能收集到足够的富含沉香的木材，才能生产出一千克精油。在我第一次参观后，我们达成了一个协议，他们将精油留给我们，我向他们保证增加我们今年的需求。我们打趣地说他们的沉香质量好得有些过头了，但这话也不是开玩笑。他们为产量设定了限额，这是基于他们的资源管理计划而设定的额度，不论发生什么，产量都不能超过资源量。17 世纪末，为了保障皇家海军的未来，科尔贝在法国中部种植了一片橡树森林，它们如今仍然存在；在同一时期，穆斯拉的祖先在锡尔赫特的树上钉了第一批钉子。这种关联令我欣慰，它展现了长期以来真正育林者的高贵，是服务于莫卧儿皇帝或太阳王的智者们留下的智慧。那天，选中的树木已有 60 年树龄，村民对我们说，树皮上生锈的钉子几乎都已经看不出来了。在为这棵 20

米高的树套上绳子后——这是为了避免伤及附近的房子，两名砍伐工开始工作了。他们的动作精准而干练，在两把斧头的舞动下，树木很快就倒下了。在树木底部，黑色痕迹有规律地分布在白色木材中——表明了感染程度很深。之后再用镐头劈开树干，但不能使用斧头，以防止破坏形状各异的珍贵沉香块。我们的这棵树裂成四部分，在钉子残存的周围，黑色的结节显现出来。这棵树产生的沉香非常丰富，穆斯拉已经发现几块值得保存的树脂。人们将木块放入炭火中，木块中的树脂燃烧后会产生大名鼎鼎的沉香香气，佛教认为这种烟雾会唤起涅槃。

回到苏萨纳格尔后，蒸馏师侯赛因带我们参观了加工车间。在一个树荫遮蔽下的大房间中，约 20 名年轻人在一块木砧板前盘腿而坐，用砍刀将沉香树树干劈成碎片。任何不是完全呈白色的木块都是有价值的，都可以用来生产精油。工人们接受过为期一年关于精准切割的培训，他们小心翼翼地将工作成果分类放入不同的篮子中。在隔壁的房间里，工匠们正忙着用圆凿处理形状弯曲的木材，将周边白色的木材去除。处理一块木材可能需要四五个小时，最麻烦的木材则可能需要一整天。侯赛因管理着这些车间，他严谨慎重、目光凌厉，在质量上毫不妥协。这些木块必须完美无缺，才能充分展现其价值。

夜幕降临，砍刀砍在木砧板上沉闷的声音停止了。侯赛因搬出一张桌子和几把椅子放到蒸馏厂前：穆斯拉想让我闻一闻几种不同品质的精油。他将他的产品装在看起来就像烈性酒瓶的扁平玻璃瓶中。按照传统，这些精油应该滴在皮肤上闻。穆斯拉在我的手腕内侧滴了一滴，轻轻地摩擦后让我闻。暗沉而未知的木质味道混合了热烈的动物性，这种感觉始终是一种嗅觉上的冲击。沉香精油中的生牛皮感令人惊奇，甚至困惑。这种木质性与动物性的结合是独一无二的。对于一些人来说，沉香气息中"山羊"的一面令人想到马厩或奶酪，可能会让他们反感。但对于大部分调香师来说，这是一种无与伦比的气息。

达米安准备了一个装满炭火的小罐子，上面放了一块黑木。热气使树脂沸腾，树脂裂成小球，很久之后木材才燃烧起来。烟雾笼罩着我们，我闭上眼睛。不论是缭绕的烟雾还是精油，沉香的气味都十分强大，足以让人心旌摇曳，陶醉其中，不知身处何地。纯粹的沉香会俘获人的心神，让人无法轻易摆脱，如合法的鸦片一般冲昏人的头脑。在苏萨纳格尔的黄昏，香气的力量使白天的景象都开始起舞。永恒的树，守护者和老虎，眼睛明亮的仙女，黑色和白色的木材碎片，侯赛因手上深棕色的精油在抛光金属的弧面上缓缓流过，在阳光下闪闪发亮。

时光飞逝，我们将穆斯拉的精油呈现给我们的调香师，也让特定的客户闻了这种精油。在 2018 年冬末，一个珠宝大牌香水部门的两位代表自愿陪同我去孟加拉国。她们喜欢我的故事，她们梦想把闪耀的钉子、仙女、守护者和令人沉醉的烟雾拍成照片带回去。5月，她们将推出一个阿尔贝托创造的新系列，共有四款非凡的香水，主题是威严的沉香。

　　发布晚会在戛纳电影节期间举行，在海滨大道上一家星级酒店的露台上。锡尔赫特的森林与戛纳的璀璨形成极端鲜明的对比。和所有伟大的调香师一样，阿尔贝托是这些活动的常客。当人们在为新香水寻找定位时，其发布会一定会布置得高雅迷人，有时甚至豪华奢侈——就是在这种环境中阿尔贝托回答记者的提问。那天，我受邀与他们共同见证他们所使用沉香的独特历史。我的两名女伴仍受到她们在锡尔赫特发现的影响，希望晚会在凸显香水的同时，也能体现出原料和原料工匠的高贵。我们的旅行给她们留下了深刻的印象，她们带回了精彩的照片和一部电影。达米安也受到邀请，他与晚会上其他宾客愉快地寒暄，但在这种场合他并不自在。与会者包括香水业、珠宝界和影视界的代表，人们相互熟识、相互祝贺。所有人都想见阿尔贝托，他自在地从一组宾客走到另一组，手中拿着一杯香槟。他灵活机敏、富有想象力、经验丰富，也很善于沟通。他总能找到正确、有力，且令人满意的话语。他把我叫到身边，让我给一位好奇的记者讲述森林和人工收集精油的故事。阿尔贝托微笑着倾听，我知道在他的脑海中，我的叙述可能已变成了香气。达米安带来了几块木材，他开始在炭火上加热，第一道香气萦绕于晚会中。屏幕上播放了一部关于锡尔赫特的短片，沉香则在晚礼服和香槟间悠然飘散并找到了自己的位置。

当为这个新系列代言的女明星出现在露台上时，所有的目光都转向她。索娜姆是位名气很大的女演员，是宝莱坞明星，她身着亮黄色的时装长裙，神采奕奕，美艳动人，魅力十足，面带微笑，目光深邃，整个人容光焕发。她那压倒性的存在感于我而言，在孟加拉国和戛纳之夜之间创造了几乎不可能却如此强烈的联结开端。她仔细地看了一会儿影片。在白色调的屏幕上，穆斯拉跟着侯赛因做着相同的手工工作，这位橙色胡须的守卫用热切的目光盯着他的目标。索娜姆随后向我们走来，她想知道达米安烟雾的气味从何处而来，想了解阿尔贝托的四种香水。在印度女演员和调香大师彼此寒暄后，香水瓶被打开了。她闭着眼睛闻了很久，然后轻轻放下试香纸，沉默不语。阿尔贝托就他的每项创作作出了阐释，讲述了他的灵感来源，这些香水是新鲜的香调与浓烈的沉香之间的结合。

索娜姆缓慢而优雅地用手扇动沉香烟雾，让它飘到面前，与此同时，她让我给她讲讲锡尔赫特。她将第四张试香纸留在手中，舍不得扔掉。她再次转向阿尔贝托并问道："这款香水实在是不同寻常，您是怎样创造出这样的奇迹的？"她那黑色的眼睛认真地望向阿尔贝托的蓝眼睛。阿尔贝托怀有强烈的热情，他说："是的，我也特别喜欢这一款，我称它为'国王之夜'，以向阿拉伯沙漠金色光芒下的王子致敬，向顶级香料的魔力致敬。"他有节奏地数着加入这款香水中的香调，就像华丽的卫星围绕"国王之木"这颗恒星旋转：香柠檬、玫瑰、广藿香、安息香、檀木、岩蔷薇和乳香。他将香水瓶拿在手中，一种液体中竟存在如此多伟大的天然精油，这真是不同寻常。看着身着太阳颜色裙子的女演员，我好像看到了森林中小仙女们的姐姐。

阿尔贝托所列举的那些原料，在我的脑海中唤起了一部私人电影，展现了多年间我所停留之处的种种记忆。三十年的旅行似乎以最奇怪的方式重组。"国王之夜"讲述了我的故事，手中的蓝色瓶子变得沉重起来，其中装满了我生命中的点点滴滴。

身着黄衣的仙女喷了一点"国王之夜"，阿尔贝托的作品在香槟酒杯之间氤氲开来，达米安的烟雾萦绕在人群之间。阿尔贝托是众人的焦点，他爱笑，滔滔不绝，充满魅力，他的欢快让我想起了我一直很喜欢的一句话："没有消遣的国王只是一个痛苦的人。"我对他说起这句话，同时想起了吉奥诺。他听后很开心，回答道："啊，你知道，三十年来我每天都在消遣，我可当不了一个好国王！"那一晚，阿尔贝托国王邀请我们与他一同消遣，庆祝一位伟大的艺术家与大自然中的奇迹的相遇：国王之木。

凝滞的时间

索马里兰的乳香

> 成群的骆驼，并米甸和以法的独峰驼，必遮满你。示巴的众人，都必来到。要奉上黄金，乳香，又要传说耶和华的赞美。
>
> ——《以赛亚书》60：6

乳香之旅的念头在我头脑中盘旋了二十余年了。我经常想象它是我的最后一站，是这条始于安达卢西亚岩蔷薇道路的尽头。某日，我知道我需要亲自前往乳香树那里去闻一闻它的味道，这场相遇将赋予我的世界芳香树木之旅以意义。为了找到一位能使旅行成行的伙伴，我等了很多年。然后我花了几个月时间规划前行非洲之角的索马里海岸。索马里兰以危险著称，大公司担心他们在该地区的合作伙伴的安全问题。当我终于到达索马里兰时，一股情感旋风侵袭而来，因为我找到了千年乳香的传奇人物、后来的乳香商人兰波的足迹，也因为我三十年的寻香之旅即将走到尽头。埃及女王哈特谢普苏特[1]、所

---

[1] 哈特谢普苏特（Hatshepsut），公元前 1479—前 1458 年在位，古埃及第十八王朝女王。女王统治第九年（约公元前 1470 年），她到达了邦特，带回了乳香和没药。邦特是根据古埃及人的贸易团记录而得知，其确切位置至今仍有争论，多数学者认为邦特位于埃及的东南部。——译者注

罗门和示巴女王[1]、东方三博士与诗人，一起构成了一个令我着迷的故事。

阿蒂尔·兰波生命中的最后 11 年（1880—1891）在阿拉伯半岛的亚丁和埃塞俄比亚的哈拉尔度过。当时，连接这两座城市的路线首先要穿过泽拉这座非洲海岸的偏远小镇，之后要跟随沙漠商队步行 15 天至 20 天。古老而神秘的哈拉尔是伊斯兰教四大圣城之一。1880 年，距离第一位欧洲人进入哈拉尔只过去了三十年。对于在亚丁发展的商人来说，虽然在哈拉尔开设分店首先是为了采集咖啡，即埃塞俄比亚高原的摩卡咖啡豆，但它同样也是通向国家腹地之中所有产品的大门。兰波是哈拉尔一家机构的负责人，他让人制作了一枚商业印章，印章上刻着"阿布多·兰"（Abdo Rimb），意思是"运香者"。"我还买了许多其他东西：树胶、乳香、鸵鸟羽毛、象牙、干皮革、丁香等"，他在寄给母亲的信中写道。兰波买的东西简直意义非凡，因为自从 24 个世纪前哈特谢普苏特女王远征邦特之地以来，这个清单就没怎么改变过。如今人们认为邦特这个神秘目的地可能在红海尽头的厄立特里亚。从哈拉尔到泽拉，兰

---

[1] 在《圣经·旧约》的记载中，示巴女王是一位统治非洲东部示巴王国（位置约为今日的埃塞俄比亚）的女王，所罗门是以色列王国的第三位国王。根据《列王纪上》第 10 章，当时示巴女王因仰慕所罗门的才华与智慧，不惜纡尊降贵，前往以色列向所罗门提亲。——译者注

波召集并带领商队往返，商品中一直都有埃塞俄比亚乳香的身影。19 世纪末距今并不遥远，但商队面临的风险依然很大，沿路的袭击十分频繁，致使一些法国、意大利、希腊的商人、传教士和探险家丧命。我了解这段历史，《非洲人兰波》[1] 这本书陪伴我来到乳香之国。

与没药和乳香一样，香水不再仅仅是一种气味，而是进入了最古老的历史维度：传奇人物、神话性的足迹、消失的商队和文明。在这个挑战我们历史坐标的漫长旅程中，香水就是远古的界标。

当公元前 1500 年，哈特谢普苏特女王装备的船队开往邦特之地时，埃及、非洲之角和阿拉伯半岛之间的海上贸易已存在了近千年，持续的世纪之久令人惊叹不已……贸易以象牙、黄金和猫科动物的皮毛为主，但也许最重要的是树脂：没药和乳香。

对乳香起源的探寻已经迷失在远古时代——非洲、阿拉伯半岛、美索不达米亚和东地中海地区，四千年以来，乳香一直与人类历史相伴。在古埃及，没药是防腐的关键，它与去往来世的旅程息息相关。乳香的固化浆液更加干燥，适合烟熏。

乳香烟雾气味的力量在祭坛上和敬献神灵时令人肃然起敬。这些树脂的来源并未随时间而改变。没药属（*Commiphora*）和乳香属

---

[1]　Claude Jeancolas, *Rimbaud l' Africain*, Éditions Textuel, 2014.

（*Boswellia*）植物生长的地方涵盖了从阿曼西部和也门北部一直到厄立特里亚和埃塞俄比亚地区，是非洲之角的整个北海岸，一直延伸到肯尼亚。没药和乳香是树胶或树脂，是树木被割破后的天然分泌物，部分溶于水，部分溶于酒精。香水业使用的乳香绝大部分产自索马里兰。

索马里兰是前英属索马里的一个地区，自 1991 年宣布独立以来就一直未被国际承认。索马里兰在一场分裂战争后脱离索马里，由于地处非洲之角，索马里兰与也门隔海相望，现在与索马里的邦特兰[1]之间划有边境线。邦特兰因海盗活动频繁而臭名昭著，索马里兰也同样因此声名狼藉，以致缺乏信任、孤立无援。

扎赫拉和盖勒是邀请我来的姐弟，他们在索马里兰的埃加勒小机场迎接我，这里只与迪拜和亚的斯亚贝巴通航。他们是我进入这个十分封闭的地区的钥匙。十年来，扎赫拉和她的兄弟们一直在耐心发展他们的事业。他们是该地区从事采购的道德先锋，在当地复杂的现实情况所允许的范围内，他们尽可能做到交易透明。我购买他们收集、分拣和出口的没药和乳香树胶。在这里，迎接我的到访并非小事一桩，而是信任的重要标志。他们指引我通过关口，以确保当局不会在我的护照上盖章，在他们这里停留过的痕迹可能会给

---

[1]　1998 年，邦特兰当地氏族发表自治宣言，但与索马里兰不同，该自治政权不谋求独立，承认其是索马里的一部分。——译者注

入境美国造成许多麻烦。

为了前往城市，我们很快就离开了柏油马路，走上了沙路。市中心只有市场周围的几座低矮建筑，以及为阿联酋商人和非政府组织工作人员建造的酒店。再远的地方就是索马里兰人的传统居住区。哈尔格萨几乎没有供水网络，城市中的大部分地区都是靠运水车供水。沙尘滚滚的道路两旁排列着隧道形状的帐篷，帐篷是木质拱门结构，上面盖着五颜六色的布块、塑料袋、从别的地方锯下来的钢板和被子。这个游牧民族依然保留着这些奇特的居所，他们拒绝定居，即便是在城市中。

哈尔格萨的索马里兰人又高又瘦，赤脚走路。妇女身着长衣、戴着面纱，服饰颜色艳丽，这里的白人游客很稀少，所以孩子们会因看到这些白人而惊讶。欢迎来到索马里兰，这里致力于饲养单峰骆驼和绵羊，并将它们出口到邻近的阿拉伯半岛国家，庞大、有组织且活跃的侨民是这儿主要的经济来源。索马里兰人还从事一项根植于他们历史之中的活动：生产树胶并将其出口到世界其他地方。

扎赫拉和盖勒坚信因果报应，道德感很强，所以最初在面对客户对任何与索马里兰相关事物的不信任时，扎赫拉和盖勒都会感到有些孤立无援。但现在，西方市场已经做好准备，为更加可靠、可持续也更尊重采集者们的供应渠道支付更高的价格，即便索马里兰和索马里之间的局势依然很混乱。扎赫拉和她的兄弟付出了相当多的耐心，道阻且长。盖勒在哈尔格萨和迪拜两地生活，他是采集者，也是生产商。他的姐姐扎赫拉住在欧洲，负责售卖产品和传播他们的故事。

扎赫拉有公主般高傲的姿态和优雅，当我第一次在巴黎见到她时，我以为见到了示巴女王！她曾在吉布提求学，之后在因战争而建的难民营中为非政府组织工作过多年。扎赫拉跟踪过布隆迪、塞拉利昂和波斯尼亚的冲突，她完全了解人类的苦难。她在大屠杀后曾前往卢旺达，但由于害怕有生命危险，之后她决定投身于自己国家的发展。她的声音平静而沉稳，她经历过的最残酷的事情，使她变得强大且坚定。

大约刚过公元前 1000 年，在与所罗门传奇会面的叙事中，一个不知真实与否的形象出现了：示巴女王，一个黑皮肤的埃塞俄比亚统治者，她的神秘也笼罩着国家的宝藏，这更增强了对耶路撒冷国王的诱惑力。扎赫拉显然也知道这个故事。这个故事让她莞尔一笑，她提醒我树脂——也被称为香料——在这对著名人物的会见中的重要性：

于是，示巴女王将一百二十塔兰的金子和宝石，和极多的香料，送给所罗门王。她送给王的香料，以后奉来的不再有这样多。

——《列王记上》10：10

　　在踏上通向神秘树木的小路前，扎赫拉和盖勒想让我看看他们出口树胶的柏培拉港。在全国仅有的两条柏油马路之一上，我们开了 4 个小时的车才到达这个将索马里兰与世界相连的港口。渔港周围仍有一些老街，这些美丽而古老的阿拉伯房屋正慢慢变成废墟。盖勒很不安，港口入口处的气氛非常紧张。我们试图接近一艘正在装货的船，但入口的栅栏处是一张张充满敌意的脸庞，他们指责我，语调也提高了。在宣传的海港改造中，外国人的作用令当地人怀疑。埃塞俄比亚是一个充满活力且雄心勃勃的庞大邻国，它在寻找自厄立特里亚独立后便失去的海上出口，它选择了与阿联酋联系紧密的柏培拉。中国负责修建一条连接亚的斯亚贝巴-哈尔格萨-柏培拉的新道路，而港口正在让与阿联酋人，因为他们将会有一个重大投资项目。每个西方人都被看作一位潜在的专家，来到这里削减当地工作岗位。敌意最大的是一群无所事事的年轻男孩，他们中的一些人很暴躁易怒，大声叫骂着向我走来，盖勒让扎赫拉将我迅速带回车上。他交涉了一个小时，他们才最终让我们进去。渔船停在码头，旁边是几艘旧货船。在其中一艘船前面，工人正将盖勒公司的一包包乳香和没药塞入集装箱中。在附近的海滩上，成群的单峰骆驼来来往往，它们之后要被运往沙特阿拉伯。这些货物将途经吉布提或迪拜，并最终到达马赛，海滩上的单峰骆驼排成一队，正缓慢地前行：在这个下午快结束的时刻，柏培拉港再次令人想起满载树胶的沙漠商队和帆船的时代。

最初，乳香的生产和收集活动集中在阿拉伯半岛和非洲海岸。很早以前，这两个海岸间就建立了一种联系：通过羊皮制成的筏子往来。在非洲收获的树胶集中运往如今也门的港口，那里是陆上线路的起点。

公元前 1000 年前后，在单峰骆驼的驯化革命中，沙漠商队诞生了。在 10 个世纪中，香料的陆路运输取代了红海的船只运输。在公元前 7 世纪，通往埃及的乳香之路已经打通。沙漠商队从也门最大的口岸沙德瓦出发，以每日 30—40 公里的速度沿着阿拉伯半岛的西海岸行进，途经麦地那，最终到达佩特拉和加沙。佩特拉至少有 2 万名居民，它曾是主要的商业中心，是所有南部商队线路的交汇点，货物在这里经重新调配后，再运往西部、北部和东部。树胶是这场贸易的核心，是财富的主要来源。正是乳香商队造就了纳巴泰人璀璨的文明，但随后的另一剧变又导致其衰败。公元 1 世纪，人们对印度季风的认识有了突破性的进展。人们得以借此向东航行，直接抵达印度南部的喀拉拉邦并获取其香料，之后再北上至如今的本地治里。希腊人和罗马人蜂拥而至，冲上这条东方香料、木材和树脂的新路线。在返程途中，他们在阿拉伯半岛停歇，装载上没药和乳香。这种高利润的贸易标志着沙漠商队衰落的开端：另一段历史开启了。

回到哈尔格萨后，盖勒需要完成我们探寻树木的旅程规划。我们必须取得官方的同意，警察会指定两名武装警卫陪同我们，以保护——也有可能是监视——我们。在等待期间，盖勒带我参观了他全新的蒸馏厂，那些闪闪发亮的印度蒸馏器中流淌着亮黄色的美丽乳香精油。他的眼睛里闪烁着自豪的光芒，他向我们展示似乎直到最近还无法想象的事：在一个几乎一无所有的地方进行产业转型。在这里，一切都要从零开始，一切都要创造，没有任何基础设施，这里只有三条道路和一个道路网络，没有高等教育，没有技术人员或工程师。

在蒸馏器旁边，我参观了仓库，建筑中堆满了来自全国各个收集中心的乳香包裹，里面装满了"生"树胶，即人们从树木上收集的一切。接下来就要进行分拣：成色最优的树胶呈半透明状，次之的杂质较多，呈浅黄色，然后是灰色的小碎块，最后还要把混入的树皮挑出来。这一关键步骤由一名年轻的女性来负责。她拿了一个大盘子来演示，以精准而快速的动作，几分钟后就将一堆零散的碎块按类别分为许多小份。扎赫拉向我解释了公司为何必须教这位女性阅读和写作，他们的员工培训通常从学校级别的教育开始。

2010 年以来，芳香疗法在美国取得巨大成功，这导致乳香需求急剧增加。在邦特兰和索马里兰，爆炸式的需求引发了震荡。几年间，人们目睹了这一传统行业走向无序，最容易得手的树木被疯狂、过度地采脂。媒体的警告成倍增加，乳香被报道为一种因过度开发而面临消亡的产品。

盖勒屈从于现实，他更愿意笑对这一切，这场动荡与他在该领域的经验不符。索马里兰的森林资源十分丰富。在该国的广阔区域中，没药无处不在，他将带我们去看他如何开辟新的采集区，在那里他教村民如何在从来被开发过的树上采脂。乳香的情况则更复杂一些，这种树喜欢生长在高海拔地区、岩石坡和悬崖峭壁，其资源丰富，但散落在从东部的埃里加博一直到西部与埃塞俄比亚接壤地带的山区之中。虽然这整片地区的树木从未被采脂，但开发需要一定时间。

邦特兰的资源如何呢？盖勒向我解释说，没有人真正知道那里的真实情况，树胶是如何采集、被谁采集、在何种条件下采集的。邦特兰和官方的索马里一样，已成为法外之地。在生命之虞与禁令之下，无论如何人们都不能到那里去。想要看看邦特兰的树胶，只要去参观一下出口商们在迪拜的仓库就够了，所有树胶贸易都汇集在这里。在迪拜就用不着操心索马里兰、邦特兰和也门的麻烦事儿了，这里只谈生意、库存、价格，不过在转卖商和代理人之间，不透明和保密已经是行业规矩了。

在傍晚时分，扎赫拉向我展示了公司所有的没药与乳香。气味浸满了房间，被吹起的微风搅动着。香气无处不在却又难以捉摸，诱人但隐蔽，气流凝聚又飘散，我们在这个十分愉悦的黄昏时刻饮茶。没药总是温暖而有香脂味，暗沉而感性，但夏日与冬日的没药却有截然不同的气味。乳香是芳香的，混合了松脂木与柑橘香调，气味复杂、温暖，令人想起焚烧后的烟雾气息。一些乳香来自也门北部，靠近与阿曼的边界，远离战火。传统上，索马里兰的收集者——包括盖勒——都在那里收购乳香。我更明白亚丁湾两岸之间联系的紧密程度了，仿佛在这古老的近邻间，帆船在非洲和阿拉伯半岛之间建立了永恒的香气航迹。

我们前后紧跟着两辆车，每辆车上都有一名武装警卫，我们要出发去哈尔格萨北部寻找没药，路程近150公里。我们必须由这些警卫陪同，这既是一种官方安保措施，也是一种费用开销，对独立战争后退伍的老兵们来说是一笔小额收入。我的两个卫兵身着作战服，手持武器，坦率地说他们很友好，看起来从容不迫。在我们相处的时间里，他们谈到了当年的抵抗战争，最初他们是埃塞俄比亚边境那头的难民，后来组成军队对摩加迪沙的索马里军队发起进攻，并最终取得胜利。在这场战役中，他们中有个人的大脑中留下了一块金属碎片。

一到哈尔格萨的郊区就全是沙漠了，先是沙子，后是石头，无边无际。风景中布满了几个品种的刺槐，平坦的地表上生长着刺槐典型的枝叶，其长势都不会太高。旱季已经结束，第一波降雨已经到来。雨水使沙漠中长出了细小的绿叶，沙漠是细长而锋利的荆棘王国，所有的树木都长满了刺。刺槐的种子呈坚硬且尖锐的白色胶囊状，人们很容易将其认成花朵，它们在太阳下闪闪发亮，仿佛无数把小匕首。我仿佛进入了另一个世界。

树木之下是黄色和赭色沙子的沙漠。在荒郊野外，年轻的牧人看守着成群的骆驼，骆驼知道如何在荆棘中吃到树叶。我们还遇到了索马里兰的山羊和奇特的绵羊，它们身体是白色的而头是黑色的。在远处，是一座围绕水井而建的村庄。与城市相比，村庄地区帐篷中的装饰品编织物更多，塑料制品更少。每栋房屋周围的地面上都围着树枝，荆棘栅栏构成了一座强大的植物堡垒，以防范野生动物和潜在的入侵者。

道路从沙子路变成了黑石头路。还是片凄凉的景象，但树木依旧在生长。我们行驶的道路在攀升，很快我们到达了一定的海拔高度，在山口处，我们迷失在赭色、红色和紫色山幕的壮丽景色中。下方是绿色植物的痕迹，这里是一条干谷，在雨水重新覆盖这些河道前，宽阔的河床上布满了石头。下山时，我们穿过一片茂密但仍没有叶子的森林，吓跑了几群羚羊。

在行驶途中，盖勒和扎赫拉向我解释为何整个索马里社会是一个以部落为单位的千年组织。归属一个部落或者其下属氏族在生活中具有决定性作用。人们与自己的部落一起劳作，且为它劳作。那些外人看不到的界线支配着一切，从选举到树胶收集区的分配，还有每棵树的"所有权"。

在达马尔村，盖勒和他的团队建立了一个新的没药收集中心。在几公里外，第一批没药树已经出现在风景中。没药树是种小树，几乎不超过 3 米高，枝叶繁茂，长满了刺。它生长速度很快，木质较软，不太结实，树木几乎不会存活超过四十年。我们到达时，村民聚集在白人访客和士兵周围，女孩们则害羞地站在房屋的门槛上。所有人都想向我展示他们刚学会处理的没药树。

冬季的收集刚刚结束，我们走向一组被选为采脂示范的树群。采脂工已在树干和大树枝上选好位置，之后剥下一块几厘米长的表层树皮。采脂的主要工具是曼格芙（mangaf），其主体是一个覆盖在手上的简易木柄，以免被刺扎伤，它还配有两个刀片。树胶很快出现在切口处，两周后采脂工会来收集渗出物。夏季是生产力最强的季节，人们在夏季的 4 个月中重复这一操作，冬季重新开始一次，从 3 月到 6 月树木处于休息状态。

盖勒让人建了一个小仓库来储存村庄的第一批收获物，此处是他在几年中建设的 30 个中心之一。几袋新鲜没药放在房间的阴凉处，靠着土墙一字排开。这种树胶柔软、有光泽、近乎是红棕色且有黏性。虽然被局限在这个小空间中，但它显现出了自身的力量。我向袋子稍一俯身，就被香气包围了，自然而然地联想到了东方三博士，试图回忆起在嘉士伯（Caspar）、梅尔基奥（Melchior）和巴尔萨泽（Balthasar）三个人中，是谁将没药带到伯利恒。[1] 风干几周后，树胶会变硬、变棕，形成许多小块，受热后会熔化成一大块。手指触摸着树胶，我更好地理解了为何古文献中说没药是"油质的"，应该装在皮袋子中运输。

在没药树的沙漠之后，终于到了走上乳香之路的时刻。在出发的前夜，我看到盖勒在接电话时崩溃了：警察的命令突然下来，禁止我们向东——广阔的乳香区——旅行，我们原本是要去那里的。盖勒提前很久就与警方沟通了我们的出行安排，他获得了许可，但这种意外一直都会发生，扎赫拉向我解释说。盖勒四处奔走，发动他的人脉网络。经历了种种不理解、不休的争论、与政府部门的会面后，时间变得紧迫起来。一想到已经离目标如此之近却不得不放弃乳香树，我就黯然神伤，仿佛梦一般的东西消逝了。在最后时

---

[1]　据《马太福音》第 2 章第 1—12 节记载，耶稣降生时，几个博士在东方看见伯利恒方向的天空上有一颗大星，于是便跟着它来到了耶稣基督的出生地。事实上，没有证据证明有几位博士前来朝拜耶稣基督，但他们带来了黄金、乳香、没药，所以有学者推测有三个人到来，他们每人献上一样礼物，因而称其为"东方三博士"（Rois mages）。——译者注

刻，在扎赫拉的建议下当局同意我们访问另一个区域，于是我们将沿着通向泽拉和吉布提的道路向西寻找乳香。听到这个消息后，我的心踏实了下来，还生出了一种兴奋感。

我与扎赫拉和盖勒一起看第二天的行程地图。我将这些行程地图与书中的地图相比较，毫无疑问，扎赫拉向我确认，我们的确是将沿着商队从哈拉尔到泽拉的古老路线去寻找古老的树木。听着我们的"示巴女王"的回答，我克制住了一种激动之情，因为我知道这种情绪会伴随接下去的旅程。我向他们说起了埃塞俄比亚人兰波，一位"履风之人"，他是狂热的游行者，能讲各种语言，一个乳香商人，在20岁放弃写作后疯狂追求一种有待探索的崭新生活。他的《醉舟》则在亚马孙的河流上一度成为我的陪伴，不知我们能否在这里找到那位哈拉尔沙漠商人的足迹？

刚驶离哈尔格萨的道路出口处还是沥青马路，之后很快就是沿着埃塞俄比亚边境的小路了。一路都是刺槐、帐篷村落、牧人、骆驼的景象。我们与盖勒收集者网络中的一位农夫约定好了，他将带我们去看他的树。在小路上行进了5个小时后，他突然出现在路旁，不知从何而来。他非常瘦，穿着一件破旧的T恤，脚踩人字拖，手里拿着一个塑料袋，露出灿烂的微笑。他上了车，我们继续前行。他同我们闲谈起来，但言辞犹豫，拐弯抹角，我们再次沿着干涸的河床上行。渐渐地，我们明显发现自己在绕圈。盖勒以自己的方式向四面八方看去，他明白了，我们的农夫采脂工在车上失去了所有的方向感，但没敢说实话。最终他要求下车，步行引导我们。行走之时他似乎重新振奋起来了，开始大步跑到车前，为我们指明他最终找到的正确路线。

河床变窄，前进也变得困难。我们在两座悬崖之间前进，这里的石头越来越大，我们最终放弃了开车，步行跟随他。树木在哪里，需要多久才能到达？几个手势和一个灿烂的笑容是唯一的答案。对于一个索马里兰农夫来说，时间和距离的概念意义不同，我们正走向树木，仅此而已。

在岩石间走了一个小时后，我们到达一个陡峭的山坡脚下。扎赫拉累了，她不想继续走了，她不相信农夫的承诺，一个卫兵和她一起留下。我们的向导边跑边指着山丘的顶峰。他高兴地连跑带跳，带着盖勒和我踏上一段看起来很漫长的攀登之路，另一名卫兵一直跟随我们，他依旧手持武器。那名农夫像羚羊一样攀登，我们完全跟不上他。山坡上出现的每棵树都是一个破灭的希望，盖勒确认它们都不是乳香树，突然，我看到悬崖上有一些小树，我们的向导在树的周边不停地做出手势。是它们。终于找到了。年轻的乳香树在如此高的地方，几乎无法接近。攀登变成向着狭窄岩石平台的攀爬。我气喘吁吁，心跳不止，终于抓住了期待已久的树木。

我想找的树木看着很陌生，它灰色的树干很柔软，被一层薄薄

的树皮保护着。这棵树枝叶茂盛，看起来很年轻，根部消失于两块
悬岩板间，仿佛扎根在了山脉的中央。这些树木喜欢峭壁。下面是
山谷，是河床。视野令人惊叹、野性十足，我的目光扫过远方的风
景，我感到一阵头晕目眩。我明白了我发现的正是兰波在 130 年前
走过的路，书中的大量片段在我的脑海中浮现，我紧紧抓住灰色的
树干。3 月里，树枝还没有长叶子，起风了。我们的采脂工走近我
和盖勒，向我们解释这么年轻的树——它也许只有十年——还尚未
被采脂。他拿出他的曼格芙，放在我的手中并向我展示在哪里割下
第一刀。风越来越大，太阳西斜，天变冷了，我的手开始颤抖。我
剥下一块树皮，光秃秃的木材上立刻开始形成奶白色的小珠子。我
距离树干如此之近，初生的乳香味道扑面而来，浓烈且颇具辨识
度。我的同伴让我看对面的悬崖和悬崖上的洞穴。在那些洞穴中，
他将收获的乳香储存几周，之后用驴子拉到他的农场。他采脂多久
了？盖勒翻译了我的问题。他先是沉默，之后仍是笑着说道："我
们世代都在做这件事。"乳香一直让我们与时间相抗：自远古就诞
生的乳香研究与贸易模糊了时间的久远，在索马里兰山区里的漫步
冲淡了光阴的流逝。

夕阳西下，我经历了一个期待已久的珍贵时刻，我的思绪飘荡
向远方。这是一名流浪天才的足迹，他决心以十年的冒险和苦难为
代价，成为一名成功的沙漠商队商人。这是在另一个世界中，对另

一种生活意义狂热而徒劳的追求。1891 年，兰波 37 岁，他在重病中离开哈拉尔，到法国就医。他因癌症失去了一条腿，无法行走，16 名搬运工用了 10 天时间将他抬到泽拉，这是他最后的商队，几个月后他去世了。我靠着我的树，仔细地观察，清晰地看到车队在乳香树下的小路上缓缓前进。当我看着车队前行，兰波的诗句就在我头脑中闪过。从哈特谢普苏特女王到阿蒂尔·兰波，乳香的时间从未改变。对我身旁的采脂工来说，乳香一直是如此。我任由车队在白色小珠子的香气中渐行渐远，这香气仍令我颤抖。这里的一切都未曾改变：天空、石头、道路、生长树木的峭壁，只有树胶仍在这里流动。

时间凝滞了。

结语

神秘之旅

幸运的是，香水之旅没有终点。五月玫瑰、橙花、依兰、雪松、安息香、鸢尾、愈疮木……我很遗憾没能讲述这些故事。一路上，我始终惊叹于芳香植物的绚丽多姿和生机勃勃，从非洲的沙漠一直到美洲和亚洲的森林深处，从地中海周围一直到热带地区，芳香植物形成一条布满香气的路线，将精油之源连接在一起。与香水从业者会面与合作，我乐此不疲：保加利亚或印度的采摘者，安达卢西亚的树胶蒸煮者，萨尔瓦多或老挝的采脂工，广藿香或香柠檬的培育者，檀木的种植者，香根草或薰衣草的蒸馏者。这些职业不一而足，或简单或复杂，或古老或现代，在香水创作的道路上都必不可少。在任何地方，我都对这些社群和家庭中无声的传承着迷。树脂或香脂的幸存，开发者坚定的决心，他们让延续了数个世纪的气息继续飘荡在大地之上的热情，这些奇迹使我醉心于这项事业。

生产者边思考他们的知识，边暗自询问事业的未来：他们是否能在明日的世界中继续创造往日的气息？当全世界的农村正以令人眼花缭乱的速度转变时，他们和他们的天然原料会变成什么样子？传统农村社区的生活方式发生了剧烈变化。面对气候变化、森林砍伐和土壤贫瘠，农民在屏幕上看到了城市灯光下新的生活方式。对数百万农民和他们的子女而言，那个不那么严酷且更有前途的世界具有不可抗拒的吸引力。农场、树木、蒸馏厂以及我接触的与香水相关的职业，这些是否有足够的吸引力且能提供足够的报酬来留住他们呢？自古代第一次采集乳香以来，天然气味的存续第一次受到了质疑。香水行业的监管要求，也愈加严格加剧了这种不确定性。由于行业对消除产品过敏原十分重视，许多精油的使用受限，曾经具有吸引力和诱惑力的天然原料如今却要一步步地证明其无害性。我们是否应准备为未来的调香师缩减天然调香盘？

　　矛盾的是，西方消费者对"自然世界"中原料的需求从未如此强烈。为了健康，我们想在化妆品和食用香料中使用天然提取物；为了福祉，我们希望在芳香疗法中使用天然原料；为了丰富和真实，我们想在香水中使用天然材料。同时，关于这些提取物的来源、它们的生产对环境的影响，以及与农民社群关系的道德规范，我们对此要求更多的信息与更高的透明度。香水设计师和香水品牌面临着前所未有的挑战，这一挑战虽然近期才出现，但他们不得不做出有力的回应。对产品的需求在增加，但同时限制原料使用的规定也在增加。原料来源依然脆弱且复杂，但国际标准却要求更优良的实践方式。

　　香水行业正在组织起来，以满足公众的期望。行业起草了"道德采购"章程，建立了可追溯的系统以及支持社群的项目，以保证香水的质量和自身的威望。虽然问题复杂、任务艰巨，但几年来许多优质项目已经应运而生。加大力度建设水井、学校和应对紧急情况的诊所。让青少年体面地生活在村庄中的农业培训中心。各种形式的科技正在引入这个传统的世界：节水农业，对杀虫剂和化肥的限制，可以将数据储存在农民手机之中的智能应用程序。长期以来被忽视或轻视的社群正在被重新发现并获得尊重。正在进行中的革命无疑是由香水产业链中实际合作的四个参与者推进：农民、蒸馏者、设计师和品牌。香水业中崇拜秘密的悠久传统开始让位于透明和道德规范。早该如此了！

长期以来，我一直坚信天然香水的未来在我的那些生产者朋友们的手中：菲利普、詹费兰科、拉贾、吉吉、弗朗西斯、艾莉莎、扎赫拉和所有其他人，他们是这个行业中出色的工匠。我喜欢在世界各地寻觅这些工匠，并与他们一起探索能鼓励他们自身以及后代继续这个职业的模式。香水业对乳香、安息香或玫瑰的价值的认可决定着他们的未来。我们是否准备好赋予天然原料提取物应得的奢侈品地位，迄今为止这是它们作为香水成分的特权。

在故事的结尾，我深深地感受到了这些香水独特且近乎神奇的特性。这些年的旅程使我揭开了这个神秘的过程——捕获土地中的芳香成分并进行精炼，再将其散播到空气中。就像乐器将音乐家的呼吸转化为曲调一样，蒸馏器通过一个类似的魔法技艺将蒸汽冷凝为香水。气息或蒸汽从铜器中溢出，变为音乐或香水，它们是世间之美的使者。

　　不计其数的花朵、枝叶、树皮碎片和树脂粒进入蒸馏器，每种原料都带着它们在自然界中的经历，蒸馏后成为仙露琼浆，经过组合，最终被无限浓缩在一个瓶子中。打开瓶子时，香气扑面而来并不断溢出，逐渐复原人们曾交予它的那一段段错综复杂的故事。香气缓缓弥散，在我们的皮肤上短暂停留，在几个小时中会留下强大而亲密的痕迹。之后它逐渐淡去，远远地飘散向世界香水之源，在空气中讲述着土地曾赋予它的一切。

致　谢

感谢我的朋友洛朗，他敦促我写下这本书。

感谢加朗斯和维克托，以纪念你们的母亲和安达卢西亚，感谢你们让我有了讲述这些故事的渴望。

埃利亚娜，这些记录也归功于你。你的意见中肯、观点新颖，你还善意地反复阅读原稿，这本书中带有你天赋的痕迹。感激不尽。

感谢玛丽-伊莲娜，你是最初的迷雾中珍贵的向导；感谢奥雷莉，你熟悉这些海岸，你是不知疲倦的读者和具有决定作用的顾问。

感谢格扎维埃，香水知识大师，也是我永远的朋友；感谢皮埃尔，不倦的帮手和天才旅行家。

衷心感谢书中分享那些生活片段的人，并向出现于字里行间中所有"共同自然"（Naturals Together）的朋友致以诚挚的问候。

感谢达米安·施瓦茨将他的书稿借我阅览。

感谢我有幸遇到的所有调香师，特别感谢书中的调香师：法布里斯·普林格、雅克·卡瓦利耶、奥利维尔·克莱斯、哈利·弗雷蒙、玛丽·萨拉曼和阿尔贝托·莫里利亚斯。

感谢多米尼克·库蒂埃和让-诺埃尔·迈松迪厄，他们为我在碧欧兰公司（Biolandes）打开了职业的大门。

帕特里克·费尔梅尼奇、阿蒙德·维多瑞斯、布德、吉尔伯特·高诗庭，感谢你们在芬美意对我的信任、友好以及对我们寻香之旅的宝贵支持。

向我昨日和今日的旅行伴侣致以亲切的问候。致我在朗德省工作期间的美丽邂逅，我遇到了朗德省勒桑市的伯努瓦，此外还有何塞·卡洛斯和苏珊娜，我还遇到了来自摩洛哥的菲利普，另外还有西亚玛克、韦塞拉以及其他人。

感谢格拉斯的扬妮克，珀斯的埃米莉。感谢若尔迪和杰玛，感谢生活基金会（Livelihoods）的贝尔纳和国际精油和香料贸易联合会的朋友们。

感谢我的印度朋友马克和萨拉，以及香草伙伴伯努瓦。感谢在中国的海伦和卢燕，你们是我宝贵的挚友。

感谢朱利安、阿奈莱和巴斯蒂安，你们是拍摄了照片的才华横溢的"三博士"。

最后十分感谢非凡的摄影师迈克尔·克里斯托弗·布朗，以及菲利普、弗吉尼亚、瓦莱丽亚和法布里奇奥，你们共同设计了美丽的封面，它已经讲述了本书的内容。